逆境思维

[美] 布伦特·格里森　著
Brent Gleeson

郑　汉　译

中国科学技术出版社
·北　京·

Embrace the Suck: The Navy SEAL Way to an Extraordinary Life by Brent Gleeson.
Copyright © 2020 by Gleeson Holdings LLC.
Published by arrangement with Chase Literary Agency LLC, through The Grayhawk
Agency Ltd.

北京市版权局著作权合同登记　图字：01-2021-7116。

图书在版编目（CIP）数据

逆境思维 /（美）布伦特·格里森著；郑汉译 . —
北京：中国科学技术出版社，2022.9
书名原文：Embrace the Suck: The Navy Seal Way
to an Extraordinary Life

ISBN 978-7-5046-9749-3

Ⅰ．①逆… Ⅱ．①布… ②郑… Ⅲ．①成功心理
Ⅳ．① B848.4

中国版本图书馆 CIP 数据核字（2022）第 152855 号

策划编辑	申永刚　褚福祎
责任编辑	申永刚
封面设计	仙境设计
版式设计	蚂蚁设计
责任校对	焦　宁
责任印制	李晓霖

出	版	中国科学技术出版社
发	行	中国科学技术出版社有限公司发行部
地	址	北京市海淀区中关村南大街 16 号
邮	编	100081
发行电话		010-62173865
传	真	010-62173081
网	址	http://www.cspbooks.com.cn

开	本	880mm×1230mm　1/32
字	数	138 千字
印	张	7
版	次	2022 年 9 月第 1 版
印	次	2022 年 9 月第 1 次印刷
印	刷	北京盛通印刷股份有限公司
书	号	ISBN 978-7-5046-9749-3/B·106
定	价	59.00 元

序

你愿意忍受多少痛苦取决于你心里有多渴望胜利。

——大卫·戈金斯（David Goggins）

我们的思想是我们可以使用的最强武器。但大多数时候，这件最伟大的工具却变成了我们战胜苦难和实现杰出成就的阻碍。如果你学不会如何控制自己的思想，那你将永远被它无穷的限制所奴役。

2000年，我在美国加利福尼亚州科罗纳多海军特战中心遇见了布伦特，当时我们参加了海豹突击队的基础水下爆破课程（BUD/S）235班。虽然在此之前我已经在指挥部接受了10个月的海豹突击队训练，经历了2个地狱周，受了不少伤，但培养我坚韧品格和坚强意志力的旅程才刚刚开始。

我成长在一个麻烦的家庭中，每天我都要与学习障碍、肥胖和种族歧视做斗争。这种环境加重了我的沮丧，思想被恐惧吞噬，我深深地渴望能得到任何形式的认同。可以这么说，我一直在泥沼中徘徊，却看不到苦痛的尽头。直到有一天，我意识到自己可以选择从这片灰烬中重生，拿回生命的控制权。1994年，我加入美国空军，以战术空管员的身份服役了5年。在为国家效力的过程中，我找到了幸福和满足的感觉。投身于这个伟大的事业填补了我内心纠结多年的空虚感。但离开空军后，沮丧又一次把我拽入了孤独的深渊。在那片黑暗中失去了自我，体重暴涨，当时我的体重大约有135千克。持续性的恐惧吞噬了我，我以为我会一直这样，然后变得自暴自弃。直到有一天，我看着镜子里的自己，说道："不该这样。"我决定不再沉溺于苦难，我要行动起来，开始训练，只为拿回生命的控制权。靠着极端的自律和决心，我的体重在很短的时间内减掉了48千克。2000年，我抱着成为海豹突击队一员的目标加入了海军。

我深知，若想实现这个目标，我必须一头扎进"地狱"，去和恶龙缠斗——哪怕我自己亦成为恶龙。我沉浸在这种新的常态中，开始转变自己的思想，开始拥抱并享受痛苦。我磨炼自己的精神韧性，把每一天都当作一场战争。布伦特曾开玩笑说我可能是海豹突击队训练史上唯一一个享受折磨的人，这个战场变成了我的家。我们在2001年3月一起完成了地狱周，这是我第三个地狱周了。8个月后，我和布伦特完成了海豹突击队资质训练（SQT），拿到了三叉戟徽章，并加入了海豹突击队五队。

但这还不够，我已经适应了这种高负荷状态的表现并停滞在其中。我需要重新把自己视为一个野蛮人，并向着下一个目标前进。第一步的计划是参加跨军种服役训练项目，于是我报名加入了陆军游骑兵学校。2004年，我以最高荣誉士兵的成绩毕业，随即返回了五队。从游骑兵学校回来后不久，我以现役海豹突击队士兵的身份开始了我的超级马拉松运动员生涯。

自那以后，我开始不断地探索自我，打破自己的舒适区。在这些年里，我用疼痛和苦难来鞭策自己前进。我成为一名优秀的耐力项目运动员，完成了共计60余场超级马拉松、铁人三项赛和超级铁人三项赛。我常常在比赛中取得前5名的成绩，并创下了不少新纪录。我曾一度是引体向上的吉尼斯世界纪录保持者，在17个小时内完成了4030个引体向上。

但对我来说，所有的奖励、奖牌、荣誉都毫无意义。我的目标不是这些。当然，我为特种作战勇士基金会（Special Operations Warrior Foundation）募集了大量的资金，并提高了它的知名度，但我不需要别人的认可。我不打算当什么世界第一。不管我参加了多少场比赛，用伤残的双脚跑了多少千米，都无关紧要。我不会用计分板去记下这些，我只想做最好的自己，抓住每一次机会去突破自己的舒适区。对我来说，身体和精神的苦难是一趟自省的旅程，没有其他的体验能让我的思想变得更加鲜活、集中和清晰。

我们都具备掌握自己思想的能力，但大脑又有着一套避开痛苦和困难的防御机制，这会使我们安稳地留在舒适区里。我们的思想带有强制自己留在安逸生活内的倾向。我将其称为"百分之四十法则"。当我们的大脑发出无法继续前进和忍受的信号,让我们乐不思蜀地回归否认和平庸时,那我们身体和精神的潜能只发掘出了40%。

可一旦找到驾驭自己思想的方法,我们就能蔑视一切困难。我们可以克服沮丧、谩骂、经济压力和疾病,去实现那些难以想象的崇高目标。当我们恰到好处地征服自己的思想时,它就变成能使我们在任何战场取得胜利的武器。而我们要做的,就是笑迎苦难。

大约一年前,布伦特请我写一些激励性的话,以鼓励即将参加海豹突击队地狱周训练的一位学员。这个年轻人在前往指挥部报到的一周前,他的母亲因突发性脑动脉瘤去世了。下面就是我写给他的话,这些文字也分享给了整个训练班的人:

请告诉他,如果他的心还静静地待在胸膛里,没有准备去迎接寒冷,那我的话就不会产生作用。一个人很少有机会去展现他们的毅力!你要祈祷天气变差!你要祈祷遇到最冷的水!你要祈祷自己遍体鳞伤!在地狱周里,你做每件事的时候都应该渴求最糟糕的情况!你应该祈祷环境恶劣到只有你的划艇小队能够熬过去!而你的队友之所以能成功是因为你带领这帮家伙通过了最可怕的地狱周!

若想穿越地狱,你自己就得变狠!这与你的思维方式息息相关！如果期望在地狱周里事事都顺利无比，那你就根本没有准备好！必须知道其他人无法像你那样承受苦难。为什么呢？不是因为你对自己有什么信念，而是因为你比其他人训练得更狠！

你也许认为这是一个糟糕的激励演说！你错了！这是我在踏入任何一场战争时的精神状态。地狱周不欢迎脆弱的心灵。它是为那些寻找自己灵魂起点的人准备的。你要看到大多数人停下的地方，然后再次前行。当每个人都因疼痛和苦难而低下脑袋的时候，你要仰头微笑。这个微笑不是表示对别人的友好，而是要告诉他们："你以为这就能伤到我了？"

是时候变成你想要成为的人了！舒适的环境是无法成就这种人的！你必须拥有承担最多痛苦的意愿！你不能被迫去接受，而是要主动迎接它！

我要告诉你下面这段话：许多人通过挑战困难来证明自己，可当困难真的到来时，他们却承受不起现实的压力。注意那些人的"表情"，你看过后就会明白，就像是他们的灵魂离开了自己的身体。当一个人深陷折磨，承受不了精神的煎熬，并因为自以为是而痛苦时，他就会露出那种表情。重点在于"自以为是！"当你看到那种表情，那他们离退出就不远了。

所以，如果你的心还静静地待在胸膛里，没有准备去迎接寒冷，你会怎么做？如果你的身体已经遍体鳞伤，而你只剩50个小时，你会怎么做？如果你的划艇小队已经准备退出，而你孤掌难鸣，你会怎么做？如果雨一直不停，而你无法暖和起来，你会怎么做？我不知道你会怎么做，但既然你寻求我的意见，那我是这么做的：祈求上帝让事情变得更糟！就是这种思维！

去和你自己战斗！

我们都有能力勇敢地踏上战场，去和敌人战斗，去和自己战斗，克服重重困难，活出我们自己的精彩人生。从出生开始，不管我们要面对多少不可避免的障碍，我们都要越过这道深渊。如果我们笑迎苦难，全心投入，那我们取得的成就将不可限量。

痛苦可以打开我们思想中的一扇门，它通向人生的巅峰和美丽的安宁。

所以，披上你的战袍去追寻它吧。祝你好运！

大卫·戈金斯

前言

不要祈求安逸的人生，祈求拥有撑过艰难的力量。

——李小龙（Bruce Lee）

这是一本关于坚韧的书——在过去的一年里，这种品格变成了一种可贵的武器，我们中的许多人都需要它来武装自己。尽管这本书的内容不会过时，书中所提供的方法也可以在任何场景下运用，但本书的出版还是带有点讽刺意味。2020年，突如其来的疫情撼动了世界的发展，它重新塑造了我们当前的一切认知，包括我们优先考虑的事、健康、家庭、商业、金融、信仰，以及我们的爱。若要培养坚韧的品格，很大程度上取决于我们是否有能力在面对不可避免的挑战时改变大脑的思考方式，以及是否能为下面这些重要的问题找到新答案：

我认为什么才是真正的逆境？

我会在苦难中沉沦多久？

我应该避开还是拥抱感情或身体上的痛苦？

我是否频繁地沉浸在自己无法控制的事情上？

我能够多快地恢复过来？

我是否愿意为了活出精彩的人生而拥抱极大的痛苦？

我们的信念、我们做出的决定以及随之而来的后果，都是由我们自己塑造的。也许我们并不能时常意识到这一点，但我们对自己人生将如何展开有着相当重大的影响。就我所知，那些在精神和身体上最坚韧的人，会持续用艺术般的实践活动来培育坚韧的品格——他们冲击着自己舒适区的边界，以追求激情和比自身更伟大的事业。简单来说，他们选择了挑战逆境而不是甘于平庸，不管概率有多小，他们都一路向前。

> 如果你无法飞，那就跑，如果你无法跑，那就走，如果你无法走，那就爬，不论如何，你都要前进。
>
> ——马丁·路德·金

2000年初，我做了一个影响我一生的决定。我从一家跨国房地产开发公司离职，放弃了报酬丰厚的金融分析师工作，加入了美国海军。目的就是成为海豹突击队的一员，这支特种部队的训练和选拔过程可能是世界上最具挑战性的，但当时我还不知道，随后几个月乃至几年的时间将永远改变我对逆境的认知。

在下面的内容里，我将从整体上分享我在海豹突击队训练、战斗，以及我在商界和人生中的一些经验。但这本书的基本目的是，揭示推动我们在逆境中成长的东西到底是什么。我们要怎么培养坚韧的品格？是不是某些人比另一些人更坚韧？我们要如何积攒更多的坚韧品格而不是消耗它？坚韧的态度是会随时间自然发生，还是必须由我们用精神韧性的艺术亲训练？所有的答案都很简单。坚韧就像肌肉一样。有了专注和决心再加上本书的一些方法，你就可以强化自己的心灵，克服任何障碍，实现你的目标，支配你的战场，活出一个精彩的人生。

我的成功大部分要归功于我的教官，他教会了我如何迎接苛刻无比的海豹突击队训练。我的父母都毕业于美国得克萨斯州达拉斯市的南方卫理公会大学（Southern Methodist University），后来我也进入了这所学校学习。但最终，我鼓起勇气，把自己激进又冒险的决定告诉了父母，我要成为一名战士（而不是一个金融分析师）。随后，我父亲把我介绍给他的一位密友，他们在南方卫理公会大学时是游泳队的队友。这位先生毕业后加入了海军，并在越南战争时期成了海豹突击队的成员。他居住在加利福尼亚州的拉荷亚，距离科罗纳多的海军特战中心只有30分钟的车程，当时我正期望在科罗纳多从一个小蝌蚪成长为真正的三栖战士。我父亲认为他的朋友可以和我分享一些智慧，或者更准确地说，是劝说我放弃！但时间证明了一切。

许多年后的今天，我依然在服役，为了回馈海军特战队，我开始从头至尾地教导这里的年轻人。当我第一次教导这些热切又坚定的年轻人时，我把当初教官问的问题拿来问他们：最困难的部分是什么？你是怎么克服它的？它的影响更多是精神上的还是肉体上的？这个项目的最佳训练方法是什么？我记得大学时，我把海豹突击队员视作至高无上的存在。他们就像遥不可及的半神，可以在拿着一挺机枪和满满一角杯麦酒的同时喷吐火焰，吃下玻璃，然后轻松推起重量超过220千克的杠铃。他们仅靠冷酷的眼神就能把两米之外的人放倒。

我知道这些年轻人中的大部分是无法通过训练的，在把有限的时间用在教导他们之前，我需要进行一次选拔。我要为一些关键的问题找到答案：这些家伙中谁是最有毅力能完成训练的？我如何判断谁拥有合适的坚韧品格？为什么一些人准备了许多年，却在第一天放弃，而另一些人则面带微笑地通过了训练？为此，我找到了海豹突击队的一位高级指挥官，他也是海豹突击队家庭基金会（SEAL Family Foundation）的一名董事。我问他海军特战中心是否研究过那些最有可能从训练营毕业的候选学员，以此来界定他们精神、思想、认知和身体的属性。整个项目的流程会持续超过一年的时间，其训练极其苛刻，甚至它的淘汰率都足以把许多人吓得不敢报名。光是进入训练营，就表示你非常有竞争力，更不用说毕业以及被接纳到"兄弟会"中了。但是，尽管最初加入的学员都非常有能力，可最终只有15%的人能够赢得三叉戟徽章，并被分配到一支队伍中。噢，而且到那时，你的训练活动（和生活方式）会变得更加严格，不过这个问题我们之后再谈。

那位指挥官回答说，海军特战中心实际上在此类研究中投入了大量的资源。接下来他告诉我的话可能会出乎大多数人的意料——最重要的并不是那些体育明星、学术精英和渴望功成名就之人所普遍具有的素质。很明显，运动天赋和聪明才智可以发挥一定作用，但仅靠这两个属性是远远不够的，毅力、坚韧和成为海豹突击队员的激情才是重中之重。从本质上说，持续性的数据表明成功的"配方"就写在《海豹突击队精神》（*Navy SEAL Ethos*）的开篇，但有些讽刺的是它的作品直到 2005 年才被创作出来。

在战争或动荡的时期，总有一些特殊的勇士准备着回应国家的召唤。他们是对胜利有着不寻常渴望的普通人。这些由苦难塑造的勇士与美国最精锐的特种部队并肩作战，他们一起为国家和美国人民而效力，并保护他们生活的方式。我就是他们之中的一员。

"对胜利有着不寻常渴望的普通人"，"由苦难塑造"。在进一步思考后，我把指挥官告诉我的话浓缩成 3 个要素：坚持、目标和激情。

就是这样。当然，如果你的身体没有处于巅峰状态，达不到学院的标准，那你不会被接收到训练之中。但是在 BUD/S 课程的前几周里，所有这些都无关紧要，那将是一段漫长又艰难的旅程。不管是实现崇高的目标，还是达成生命中似乎不可逾越的挑战，你都需要坚持、目标和激情。这3个要素能够帮你建立必要的情感联结，以此实现更高层次的成就，比如成为海豹突击队员，考入哈佛大学，或战胜癌症。

我目前是TakingPoint Leadership的公司创始人和首席执行官。我们和我们的客户共同致力领导力和组织发展中的进取精神的提升，从而帮助他们创立一套高效的方式。我们领导力开发项目中的一个学习模块是培育我们自己和其他人的坚韧品格。我们把坚韧的定义分为了3个类别：

（1）**挑战**：拥有坚韧品格的人把困难视为挑战，而不是需要烦恼的事情。他们从自己的错误和失败中学习，并且在其中发掘成长的机遇。用我们的话说，他们比其他人更能笑迎苦难，因为他们愿意挺身向前。

（2）**投入**：拥有坚韧品格的人会全身心地投入到自己的生命和目标之中。每天早上，他们都带着坚定的目标醒来。这些人不会轻易放弃，也不会因为那些与他们目标无关的"机会"而分心。

（3）**控制**：拥有坚韧品格的人会把时间和精力花在自己可以控制的工作或事情上。由于他们把力量全部倾注到自己最有影响力的地方，所以他们会感受到自己的能力并充满自信。

同时，我们教授卡罗尔·S.德韦克（Carol S. Dweck）的"成长型思维和固定型思维"的哲学思想。德韦克是斯坦福大学资深的心理学教授，她在思维心理特征上的研究举世闻名。她曾经在哥伦比亚大学、哈佛大学和伊利诺伊斯大学执教，2004年，她加入了斯坦福大学。根据德韦克的说法，在成长型思维中，人们相信他们最基本的能力可以通过忘我投入和努力工作来培养——大脑和天赋只是出发点而已。这个看法会创造出对学习的热爱，以及实现伟大成就所必需的坚韧品格。

成长型思维和固定型思维可以进一步分解为5种类别：技能、挑战、努力、反馈和挫折（见图0-1）。

固定型思维		成长型思维
• 与生俱来 • 无法改进	技能	• 努力工作的结果 • 总是可以改进
• 需要避免的东西 • 可能会暴露自己缺乏技能 • 倾向于轻易地放弃	挑战	• 应该笑着面对 • 提供成长的机会 • 培育锲而不舍的精神
• 不会带来希望的结果 • 只是为了弥补不足	努力	• 极其重要的本质 • 实现精通的途径
• 形成抵触心态 • 倾向于对人不对事	反馈	• 必不可少的 • 对学习至关重要 • 确认哪些方面需要改进
• 责怪他人 • 丧失斗志	挫折	• 一记警钟 • 纠正前进方向的机会

图0-1　成长型思维和固定型思维

当我们被困在固定型思维中时，会认为技能是与生俱来的；挑战是必须竭力避免的；反馈是针对个人的评价，而不是被视为可学习的经验；挫折是外界因素造成的，只会带来沮丧。

成长型思维则是坚韧的基石。当你拥有成长型思维时，会认为技能和成功来自辛勤的付出和投入，而你永远不会安于现状。以这种思维方式思考的人不会沉溺在安逸之中。他们不仅会接受清晰的反馈，甚至会渴求它。挫折对他们来说不过是道路上的另一次颠簸，只会增加他们前进的动力。

不管你是想在海豹突击队的训练中拥抱疼痛和苦难，还是打算在其他事业上一展身手，成长型思维都是不可或缺的。若要笑着迎接生活中那些不期而遇的苦难，或者实现成就并支配自己的战场，那这种思维也是至关重要的。当我还在南方卫理公会大学读书时，曾是菲·伽马·德尔塔（Phi Gamma Delta）兄弟会的成员。我知道你们可能对此不以为然，但请耐心听我说。每周一的晚上，我们在兄弟会会堂三楼的一个房间里共进晚餐，然后进行集会。每个夜间集会结束时，我们无一例外地会引用美国前总统卡尔文·柯立芝（Calvin Coolidge）那段关于坚持的价值的名言。

这个世界没什么能取代坚持。天赋不能，有天赋但没能取得成功的人太多了；才华不能，怀才不遇已经是尽人皆知的成语了；教育不能，世界上充满了受过教育却一无是处的人。只有坚持和坚定，才是无所不能的。

于是许多年后，在经历了一些影响深远的人生教训后，我开始了自己的教官生涯，以寻找最坚韧、最热忱和最有目标的年轻人。他们不仅愿意笑迎苦难，还会满心期待。但这并不容易，特别是还有一个臭名昭著的残酷考验在等待着BUD/S的学员们，这个考验有一个贴切的绰号——地狱周。不过通过询问恰当的问题，以及更好地了解他们的目标，我可以挑选出内心足够强大的学员。到目前为止，我选出的人全部加入了海豹突击队。但这并不是说我有什么功劳，他们成功所需的毅力完全源于他们自己。

有趣的是，这些家伙里没有一个人是大学田径明星或奥林匹克游泳运动员。但他们中的每一个人都对任务投入了充沛的情感，并且对成为军队中最精英的士兵抱有深深的渴望。这种情感和渴望又在最困难的时候激发了他们的坚韧品格。我最近的那位学员有着与我非常相似的经历，只有一处除外。他在加利福尼亚州的兰乔圣菲长大，距离我现在居住的地方只有5分钟的路程，他大学毕业后进入了金融行业，但这只是为了转移他的注意力，让他不再想成为一名海豹突击队勇士。听起来耳熟吗？然后，一件谁也没有预料到的可怕事情发生了。就像大卫在本书的序中提到的，在这位学员参加基础水下爆破训练的一周前，他的母亲突然因为脑动脉瘤去世了。不过他没有退缩，一股新的痛苦成了他前进的动力，他征服了整个训练流程，然后被分配到海豹三队。他成为一名装备精良的三栖战士，随时准备与敌人战斗。

世界上所有伟大的事情都会经历一些苦难。神奇的事情不会在我们的舒适区里发生。不管是升职加薪，还是促成一段艰难的婚姻，又或是掌握一项运动，建立或拯救一份小生意，控制一场大流行瘟疫，战胜一种疾病，撑过失去爱人的痛苦，抚养孩子，甚至是追捕恐怖分子……我们总会遇到相应的困难。但也正因如此，我们深爱着并为之奋斗的事情才会那么甜美。我希望这本书能为你提供笑迎苦难所必需的激励和弹药，让你继续战斗，活出一个精彩的人生。

目 录
CONTENTS

▼ 第一部分

笑迎苦难

> 我们必须拥抱痛苦，然后把它变成前进的动力。
>
> ——宫泽贤智

第一章

痛苦之路

痛楚难以避免，而磨难可以选择。

——谚语

费卢杰（Al Fallujah）

伊拉克

1时37分

没有人能忘记战场的恶臭，那是一个让所有身处其中的人都承受苦难的地方。

我们的小规模悍马车队缓慢地驶过乡村的社区。所有的行动人员都非常警惕，他们紧盯着每个街角和屋顶，搜寻敌方可能的威胁。我们关闭了车头灯，使用夜视仪在黑暗中行驶。5分钟前，我们与突击部队在预定地点会合，我们的高价值目标（HVT）隐蔽在约800米外城郊富人区的一栋二层房屋里。我们有4辆载满海豹突击队员的车，还有一辆黑色半越野SUV供线人乘坐，此外，一支陆军游骑兵部队会担任我们的掩护部队（他们将封锁这片区域，不让其他人进出）。

　　每辆车左右两侧的踏板上各有一名拿着梯子的海豹突击队员，其他的突击手则位于车辆的后部，随时准备快速下车。我当时在2号车左侧，右手拽着一根系在车顶上的尼龙绳，左手抓着一把木制梯子。我的M4步枪被紧紧束在胸前。夜视仪的绿色视野让周围的环境看起来有种超现实的离奇感。我们对情报是抱有怀疑的，因为线人看起来很紧张，而且他的说法总是摇摆不定。我们都处在高度警戒状态。

　　伴随着刹车的声音，车队停了下来，我们迅速地离开了车辆。"房屋在道路前方右侧50米处。"我们的排长在无线电中说道。突击队下车开始行动，驾驶员和机枪手跟在后面，如果行动出现问题，他们将作为快速反应部队接应我们。我们安静地走过泥土路，队伍中有8个人携带着翻墙用的梯子，因为线人说房屋外有一圈围墙，其他人将在我们靠近时掩护我们。我们在街角处减慢了速度，并发现了一些奇怪的情况。"怎么回事？房屋前面没有墙壁，"前方的一位尖兵用稍大一点儿的声音说道，"放下梯子。"

　　我们排成了一道完美的突击队形，在他的带领下前往房屋的主入口。这个地方看起来更像一个小型的要塞，而不是普通人的家。两名尖兵并肩潜伏到门前，队伍的其他成员则排在外墙之下。一名尖兵试了试门把手，然后说："锁着的。准备爆破。"

第一章　痛苦之路

　　他从工具包中拿出一束C4炸药并准备好了引信，同时另一名海豹突击队员则端着步枪瞄准门口。我和队伍里的其他队员一起等待着，潮湿的天气和沉重的装备已经让汗水从我背上倾泻而下。当炸药被固定在门上后，两名尖兵迅速返回到我们的位置。"炸药已设好。3、2、1。引爆。"

　　嘣！

　　炸药的冲击力把门炸成了3块，燃烧着的厚木块和金属四散飞溅。我们鱼贯地穿过冒着烟的入口。走出烟雾后，一个像熊一样身材的男人径直冲向我们。队伍中的前3名队员立即开火，他们带短管消音器的M4步枪只用几发子弹就解决了那个男人。在中东地区的大部分敌方目标房屋里，都会有许多非战斗人员、女人和孩子。这次就有两发子弹穿过了那名男子的身体右侧并击中了他妻子的臀部。在战斗胜利前，我们无法为她提供医疗援助，所以不得不继续推进，每名海豹突击队员都跨过那具巨大的尸体，然后左右散开以开展搜查。这座房子和线人所描述的完全不一样。我们并没有进入最前面的客厅，而是来到了一个宽阔的开放式庭院，四周是二层小楼，每层都有许多房间。我们立即将队形散开，因为已经开了枪，这里成了危险目标区域。我和另两名海豹突击队员穿过庭院的西南角，向一扇敞开着的门前进。一个没有武器的成年男子从门后出现，接着发疯似的向我们扑来。我的队友用消音步枪击中了他的胸膛，他倒在了地板上。我则迅速地扑上去，从工具包中拿出厚塑料弹性手铐，把他的手铐在他背后。

这时我们的队长做出了指示："别管他了。继续清理南侧区域。"我迅速穿过敞开的门，武器直直地对着入口。然后我转向左侧，在进入前侦查尽可能多的房间。我移动到入口的旁边，等待着队友向我发出碰肩信号，那代表着他准备好和我一起行动了。但没有信号传来，所有人都在忙着对付其他威胁。这时，一名男子拿着AK-47步枪从黑暗中向我冲来。我立刻从门边开火射击，两发子弹打进了他的胸口，随后一发打在了他的鼻根上。他的冲势带着他倒在了我的脚边。我把夜视仪翻到头盔上，看着他。他的下颚已经彻底折断了。他应该还没到19岁。"见鬼，你这个蠢货！"我当时愤怒不已。为什么这家伙要强迫我动手呢？

几分钟后，我们占领了目标，然后开始寻找其他的情报。我们的医疗兵立即为那个女人提供了治疗，其他的海豹突击队员则用无线电呼叫了医疗直升机。我们把死掉的武装分子装进运尸袋，然后放在一辆车上。第二天我们收到消息，那个女人活了下来。

那天晚上，在回到基地后，痛苦和困惑让我把脸埋进了枕头里。我回想起海豹突击队训练早期的那些日子——训练内容有多恐怖，我需要有多坚韧才能每天都撑过身体和精神上的挑战。在那时，我们并不知道邪恶的战争就隐藏在我们身后，而我们需要培养一种全新的坚毅才能面对它。

第一章　痛苦之路

坚韧品格的来源是因人而异的。我们的激情和目标是诸多事件、经历、信念、价值观和外界因素综合在一起的结果。诺曼·加梅齐（Norman Garmezy）是明尼苏达大学的一位发展心理学家和临床医师，他在40年的研究生涯中治疗过许多孩子，但其中最特别的是一位9岁的男孩，这个孩子没有父亲，母亲患有精神分裂症并酗酒。每天他带到学校的食物都是一个装在棕色纸袋中的三明治，但两片面包之间却什么也没有。而实际情况就是他的家里没有其他食物，也没有人有能力为他提供其他的食物。但就算这样，这个男孩也不希望别人同情他，或者知道他的情况有多糟糕。每一天，他都会面带微笑地出现，胳膊下夹着装面包的纸袋。

这个带着面包三明治的男孩是一群特殊孩子中的一员。这群孩子有着共同的特质，加梅齐在继续研究后将其定义为在极端困难环境下取得成功的能力，他们有时甚至能取得杰出的表现。日后，加梅齐把这些孩子所继承的特性称为坚韧。现在，他被广泛认为是第一个通过实验研究这个概念的人。多年来，加梅齐按照一个标准的程序访问全国各地的学校，他着重关注经济不景气地区的学校。他会与校长、学校社工或护士会面，向他们提出同样的问题：有没有一些背景很不好的孩子——即似乎很容易变成问题儿童的孩子——最终出人意料地成了学校的骄傲？加梅齐曾在1999年的一次采访中说："如果我的问题是'学校里是否有遇到麻烦的孩子'，那我肯定立刻就能得到答案。但如果我问有哪些孩子适应力很强并有成为优秀公民的潜质——即便有些佼佼者出身于被精神疾病困扰的家庭，那么这就是一种新的调查方式了。我们就是这么开始的。"

对许多心理学家来说，坚韧代表着一种挑战。一个人是否具备坚韧的品格，不取决于某一项心理测试，而是取决于这个人的生活方式。如果你足够幸运（或不幸），以致从来没有经历过苦难，那你就不会知道你有多坚韧。只有当你面对障碍、压力和其他外界威胁时，你才能清楚自己是不是一个坚韧的人。你是会屈服退缩，还是会勇往直前呢？

地狱某处

加利福尼亚州，科罗纳多，2001年3月

12时04分

当脑袋再次从碎波带的冰冷泡沫中钻出来后，我激烈地喘息着。一道完美的盐水混着鼻涕从我的鼻孔流下来，滑过我的嘴唇和下巴。我的鼻腔和眼睛因为太平洋海水的持续冲刷而感到火辣辣的疼痛。两辆白色福特F-150皮卡的探照灯照向我们的方向，刺得我们睁不开眼睛。我抬头看了一会儿，一些看起来舒适的公寓正发出温暖的光芒，这些公寓位于俯视着我们的高大白色塔楼上。海水的咸味在寒冷的夜晚的空气中萦绕。

第235期BUD/S训练只占地狱周的4个小时，但这个残酷的熔炉会淘汰掉大部分参加海豹突击队训练和选拔项目的学员。我们躺在碎波带中，手臂连在一起，脚朝着海滩。我们组成了人链，痛苦的痉挛让我们不由自主地颤抖着。教官已经命令我们再来一轮"摇摇椅"。整个班级的学员躺在水中，所有人都要把腿踢过头顶。我们来来回回地重复着动作，直到教官觉得满意为止。在做这个动作时，你的脑袋将不得不斜着沉入水下，然后冰冷的海水就会钻进你的鼻腔中。

我们穿着绿黄黑三色丛林迷彩战斗服、黑色贝茨战术靴、橙色的救生衣和Pro-Tec公司的黑色头盔。我的左肘部已经出现了一处轻微骨裂，而且由于滑囊炎导致了严重的肿胀，两条腿的髂胫束因过度劳损而受伤，右小腿上的一团食肉菌正在啃噬我的肌肉。噢，我有没有说过当时还下着雨？这场雨真是好极了，因为在圣迭戈很少下雨。一切都完美地组合到一起了。上帝需要危险的三栖战士，所以只能用苦难去塑造他们。大卫·戈金斯的祈祷得到了回应。就像《海豹突击队精神》里面所说的："我的国家期望我的身体比敌人更结实，精神比敌人更强大。"一位紧盯着我们的教官说了一段让我永生难忘的话："先生们，接受所有的疼痛、颤抖和寒冷，把它们转化成你的斗志。让它们鞭策你前进。"

4个小时之前，地狱周的考验开始了。当你撑过一个月填鸭式的教导与训练，以及BUD/S第一阶段的几个星期，你就真正进入了地狱周。这个名字可不是徒有其表。在这个时候，班级里的学员大约有一半已经退出了。而剩下的人中，许多也会在开始的几天内选择离开。你得知道，地狱周之前的几周也不是那么容易通过的。大部分进入地狱周的学员要么生着病，要么受了好几处伤，要么两者兼有。

所以，当痛苦的折磨即将在周日的晚上开始时，你已经如预期的那样遍体鳞伤了。学员们在周日的早晨要到主教室报道，身上只能携带少数几件必需的物品。第一天的美好在于你不知道有什么样乐子在等着你。压力和焦虑正在逐渐吞噬你灵魂的深处，然后一切突然爆发了。教官们会像龙卷风一样蜂拥到你身边，用M60机枪朝你射击——尽管枪里是空包弹，但依然很可怕。你会被水龙管喷射出的水柱冲刷，周围到处都是喷发着的烟幕弹。对于居住在海滩公寓楼里的居民来说，这就像一场激烈的战斗。

教官们会大声喊出命令："匍匐到碎波带去——让身体沾上水和沙子！""划艇小队的队长，给我清点人数！""100个波比跳！给我动起来！"现场完全是一片混乱。在经过几个小时的疯狂后，班级里的学员将前往海滩接受"波浪折磨"。这和"摇摇椅"很像，你的手臂要与同伴们的手臂挽在一起，然后走进海水中躺下。它不似地狱里的火焰和硫黄，教官们想让你在这一周的时间里都忘不了寒冷、潮湿和沙子的感觉。我的班级有幸在冬天享受地狱周，那时科罗纳多的海水温度只有12摄氏度左右。你知道吗？这简直妙极了。一天24小时处于全身湿透的寒冷状态，这种痛苦足以让大部分学员退出。

甚至在地狱周前几个小时就退出的学员也不罕见。我乐于看到其他人放弃，因为从战略上讲，我知道这意味着自己有机会做到更好。在6天的时间里，你睡眠的时间不会超过几个小时。就算被允许睡觉，你也不可能睡得安稳。一旦你停止运动，你的肌肉就会不受控制地痉挛起来——那种疼痛是压倒性的，疼到甚至让你觉得自己再也动不了了。但很快你就会了解到，你的意志在恰当使用后也能变成一种强大的工具。

地狱周里的一切都是为测试你身体和精神的坚韧程度而设计的。你要一直奔跑和爬行，浑身沾满沙子，死皮会在你运动时脱落。你要跑动相当于好几个马拉松的距离，你要在寒冷的海水里游上数十千米；你要扛着沉重的原木、划艇或背包奔跑。一切都像竞赛那样紧张。如果你没有"拼尽全力"，教官就会狠狠踹你的屁股。当然，前提是你的划艇队友没有先纠正你。这是一场没有停歇的剧烈体力活动，教官们每时每刻都在你耳朵旁低语，试图把你逼出这场选拔。

"得了吧，格里森。你不适合这个。你还没有那种本事。躲到卡车里去吧——我们准备了毯子和热咖啡。"他们就像希腊神话里的海妖，引诱着水手走向湿漉漉的终结。总有人会因此而放弃，但一个小时后，等这些人弄干了身体，暖和起来，他们的心里将只剩下强烈的悔恨。

只有在吃饭时你才能停一会儿。但想吃东西，你要么跑到食堂去，要么在碎波带吃一些冰冷的即食军粮（MRE）。一些人把军粮包装里遇水即热的加热包放到衬衫里，以求获得一些温暖。被教官发现后，要求我们在这周剩下的时间里都不准使用加热包。这届BUD/S的学员真调皮！

真正让你撑下去的是你的意志、决心和班级里军官的领导力。当然，还有之前提到的三要素。我们的班长约翰——也就是班级里军衔最高的军官——是一个理想型的人物，他坚韧不拔，很有原则，并且富于同情心。我们都被他吸引了。他的心态非常积极，而且他天生就有一种能力，能够鼓舞我们熬过每天的苦难。周日下午，当我们在教室里忧心忡忡的时候，他为我们阅读了莎士比亚《亨利五世》中亨利五世在圣克里斯宾节的战前演讲。这个演讲对我来说意味良多。我在南方卫理公会大学读二年级和三年级的时候，是学校橄榄球队的队长，我们曾在球队T恤衫背面印了这篇演讲的一段文字。

此时约翰大声地朗读着那些著名的句子："自今日起，竟至末日，吾辈始终为世所记。吾等人数甚少，而幸运备至！情同手足，与子同袍。凡与我浴血并肩者，皆吾之亲兄弟也。"

4天后，约翰不幸逝世——他因为严重的肺水肿而在水池中溺水身亡。他被安葬在罗斯克兰斯堡国家公墓，他的兄弟们将永远铭记他。这是我在海军参加的第一场葬礼——但我没想到以后还会有很多。他的地狱周船桨现在就挂在我办公室的墙壁上。我曾想把它送给约翰的家人，但他们礼貌地拒绝了。它是一块纪念碑，象征着想要在海豹突击队服役的人需要做出怎样巨大的牺牲——它也是一个目标，当你实现它之后，只有更大的牺牲等在前方。

在经历了似乎永无止境的波浪冲击后，我们迎来了第一次夜间行动，岩石运船。我们在大约2.5米高的猛烈海浪中划着黑色的橡胶艇，向着北面海滩上著名的科罗纳多酒店划去。仅仅在这一段行程中，一些学员就受了重伤。如果你没有掌握好时机，或者划艇小队的配合出现了失误，那么巨浪就会碾过你，把整个橡胶艇向后掀翻，艇上的学员会像碎布娃娃一样被甩到各个方向，任由黑暗的大海摆布。

> 渔夫知道大海有多危险，风暴有多可怕，但他们从未觉得这些危险能阻止他们出海。
>
> ——凡·高

对海滩上悠闲的旁观者来说，这既可能惊悚，也可能滑稽，这取决于他们的心理素质。然而，有些事情是远处的人看不到的，比如砸在牙齿上的船桨把手，撞在面颊骨上的肘关节，一位学员的头盔打碎了他同伴的鼻子，肌肉僵硬的战士们一个压着一个，翻覆的划艇似乎要把下面的学员永远困住。

我们为什么要划向科罗纳多酒店呢？反正不是为了插着粉色小伞酒杯里的鸡尾酒，或者水疗中心里包含了面部和身体护理的按摩（裤子里的沙子已经帮我脱了一层皮……只不过有几层皮褪得太深了）。如果去过那里，你也许会记得在酒店最南端前的海滩上，有一道绵延近70米的巨大锯齿状岩层。这就像上帝开起了玩笑，为了让海豹突击队好好训练，他刻意地把一块块巨石放置在那里——而岩层的另一边就是几千米长的平坦白色沙滩。过去的几周，我们在进行长跑和游泳训练时会从那里折返，在通过BUD/S的每个阶段时，都得将最好成绩提高到更具竞争力的水平。

在岩石运船阶段，教官们对波浪涌起时机的判断能力让人惊叹，海浪在达到顶点的时候，会猛烈地砸在岩石上，那声音足以传遍旅馆的每个房间。岩石运船的目标是让我们划过波浪，然后把重约113千克的划艇抬到岩石上，最后扛着它前往海滩——划艇上的每名乘员都必须抵达。对于白天的路人来说，岩石似乎并不可怕——孩子们开心地爬上爬下，情侣们愉快地拍着合影。但对水里的BUD/S学员们来说，到了晚上，这些岩石看起来就像夏威夷摩洛卡伊岛的卡劳帕帕崖。去网上搜一搜，你就知道那是什么景象了。

第一章　痛苦之路

我当时被分配到了第二划艇小队，我们漂浮在碎波带之外，等待着合适的时机。每艘划艇上有6名征召士兵，还有1名军官，也就是我们的队长。我们的小组成员包括了大卫·戈金斯和德鲁·希茨（Drew Sheets）——他们俩是我见过的最坚韧的人。坚果一样大的雨滴砸在我们的头盔和坚硬的橡胶艇上。云层裂开了一道小口，恰好够一束月光指引我们的道路。这就像一场逃亡，但我们不知道路的尽头是不是毁灭。唯一的温暖来自划桨时的颤抖和偶尔流在裤子里的尿液。是的，你没看错，尿液能带来10秒的温暖，多么神奇的祝福。生命总会给你一些小惊喜，对吧？

"现在！划桨！"我们的队长突然吼道。虽然有些疑惑，但我们还是拼命地向前划，试图抓住波浪涌起的正确时机。如果波浪的高度过低，我们就会落在岩石的下方，等我们向上攀登的时候，更大的波浪将把我们砸下来。如果波浪过高，我们将失去对划艇的控制，然后将我们从足以骨折的高度坠落到岩石上。

我们乘着一股中等高度的波浪靠近，划艇的头部对准了最大的一块岩石的边缘。我们中的两个学员跳了出来，紧紧抓住绳子，这样我们就可以保持划艇的稳定和平直。在奋力拼搏的间隙，我向右看了一眼，我的一位队友的划艇撞到了岩石，他从船上飞了出去，摔进了两块岩石之间的裂缝里。他的脑袋和肩膀先落水，只有腿和腰部露在水面之上。后来我了解到他手臂和锁骨骨折了，差一点淹死。但那时我完全帮不了他，我要照顾好我自己的小队。我们把划艇拖到岩石的上方，投入教官们的安全怀抱，虽然他们已经准备好再给我们安排更多的苦难了。

热衷于深夜社交的旅馆客人们经常出来看热闹。教官、受伤的学员（也被称作"回滚者"）和海军士兵们会用橙色的锥形桶和黄色的绳带封锁相关区域，把那里弄得像犯罪现场一样。但对于参与地狱周的人来说，他们的感觉也是一样。唯一的不同就是他们是自愿受罪的。那天晚上，我的父母也在酒店里。他们去那里不是为了社交，而是想看看他们的孩子承受着怎样的痛苦。我母亲后来说那是非常恐怖的时刻。她只看了几分钟，就返回了奢华的酒店房间，那里有精美的床单和其他一切舒适的东西。我不会怪她。毕竟当年上大学时，她都不敢看我打橄榄球，因为我当时是带着前两场比赛中受的伤坚持上场参赛的。

这次磨难中的另一个意外之喜就是岩石的多孔结构——就像尖锐的珊瑚礁一样。由于肾上腺素的影响，你不会立刻意识到它们的存在，但当你扛着沉重的划艇向上攀爬时，岩石细小而锋利的边缘会割裂你的手掌和手腕，而你被水浸泡过的身体已经非常柔软和脆弱了。这就像是邪恶的森林魔女用一把小冰激凌勺不断在你的皮肤上报复式地剐来剐去。你的身上会出现又小又深的伤口。不少人在许多年后依然留着这些伤疤。

"先生们，接受所有的疼痛、颤抖和寒冷，把它们转化成你的斗志。让它们鞭策你前进。"教官们平静地用扩音器对着我们说道。

我重新振作起来——继续躺在碎波带里做着"摇摇椅"。然后，一股难以想象的忧郁情绪席卷了我。这种不可思议的痛苦从不间断，直到周五的下午才消失。但随着地狱周的继续，情况变得更加糟糕。家似乎已经变成了久远的记忆。

你以为到这时就会苦尽甘来吗？想都别想。

没有人生活在一个能抵挡生活中所有苦难的洞穴里（而且活在洞里本身就很糟糕）。我确信你经历过这样的事情：你试图从艰难的处境中思考出路，但此时你的大脑就是无法想明白。就像我曾经告诉我的大儿子不要再玩《堡垒之夜》，而且是去做家务。

在那个时候，我迅速理解了一个极其简单的解决方法：

直接放弃。

不要挣扎。

拥抱痛苦。

祈求更多。

改变你的思维方式。

如果你在逆境中总是埋起头来回避现实，那么就会发生如下情况：当你的大脑因为外界刺激而收到输入的信号，神经突触就开始发射微小的电子，寻找预先存在的思维结构，将新输入的信号关联到上面去——例如体温过低、骨折或食肉菌。但这一次，没有地方可以关联电子，因为这些糟糕的输入信号是全新的、陌生的——没有任何与它们匹配的思维结构。于是你的大脑就变得悲伤，非常悲伤。新的输入信号就像手中的沙子，或是那时裹满我全身的沙子，你的大脑想让它溜走——尝试理解它反而成了一种挑战。

也就是在那个时候，本书的价值观诞生了。我不再抵挡现实，而是去拥抱它。那种感觉真是爽快（也许只是因为我体温过低而产生了思维混乱，但你应该能够理解）。当我和其他兄弟一起躺在波涛之中，浑身剧烈地颤抖时，我想起这是自己选的道路。我已经为此放弃了一切——舒适的工作，温馨的公寓，家人和朋友的陪伴——我必须击碎舒适区的边界，只为了让自己被这个项目接受。这就是刻意去受苦。它是有意义的，有愿景的。它呼唤着我去海豹突击队服役。如果我没有全心投入，那么我将失去一切。

让那些痛苦的事见鬼去吧。你赢得了来这里的权利。你还有很长的路要走，所以笑着迎接苦难，然后解决它们。

我们中拥抱了这种思维方式的人几乎都取得了成功。

改善你的心智模式

痛苦是可以转化的

心理学家在研究承受过严重身体和情感创伤的受害者时发现，虽然这些人并不会因为巨大痛苦和折磨而感到兴奋，但他们中的绝大部分认为自己从这些经历中获得了实质性的成长。许多人声称，他们看待生活的视角变得开阔了，变得更负责任、更加坚韧、更少自以为是，甚至更快乐了。

波兰心理学家卡兹米尔·东布罗夫斯基（Kazimierz Dąbrowski）认为，恐惧、焦虑和悲伤并不总是不受欢迎或有害的，它们代表着心理成长所必需的痛苦。逃避痛苦就是否认自己的潜能。谁都无法在没有疼痛的情况下锻炼肌肉或体力，因为这种类型的痛苦意味着进步。同样，如果不经历情感上的痛苦和折磨，我们就无法发展出心理上的坚韧。

可以这么说，如果你不接受一大堆烂摊子，你的精神和身体就无法达到坚韧品质的巅峰。正如著名的海军陆战队军官切斯蒂·普勒（Chesty Puller）所说："疼痛代表着虚弱正离开你的身体。"

这句话受到许多橄榄球运动员的推崇。在比赛之前，我通常会带上儿时收到的猎鹿刀（没错，得克萨斯州的圣诞礼物就是这样的），然后找一个犄角旮旯割破自己的大腿，用血涂抹在自己的脸上，就像要上战场那样。然后，我包扎起伤口，回到场上继续热身。我知道你们在想什么。你们以为我脑子出了毛病。如果我毫发无伤地离开了橄榄球场，或者没给对手造成痛苦，那我会痛斥自己做得不够好。8次脑震荡、3颗碎裂的牙齿，还有之后的一个地狱周，发现我对痛苦的忍耐（或享受）让自己获益良多。

如果想让自己更加坚韧，你首先得改变对苦难的看法。事实上，痛苦可以转化成一种有用的能量，用来实现伟大的壮举、获得新的思考方式，并塑造身体和精神上的坚韧品质。当你掌握了控制任意形态痛苦的能力——甚至能够全身心地拥抱它，那它就无法对你造成什么严重的伤害了。

疼痛伤不了你

我通常不会在已故的帕特里克·斯威兹（Patrick Swayze）身上寻找人生经验，但在20世纪80年代的电影《威龙杀阵》（*Road House*，1989）中，他饰演的道尔顿（Dalton）却完美地体现了这种思维方式。道尔顿是一名博士，也是个空手道高手，却阴差阳错地在当地一家酒吧里做职业保镖。我猜这有点儿像电视剧《酒吧救援》（*Bar Rescue*，2011）里的情节。道尔顿是那种能让人"冷静"下来的人物，他曾在纽约的一家夜总会做专职保镖，但他隐藏了这段神秘的过去，来到密苏里州的贾斯珀镇，给一家名为"双骰"（Double Deuce）的夜总会做保安。但当地的腐败商人却不买账，并派遣手下的恶棍来夺回控制权。

道尔顿又一次在新的工作场所进行了一场械斗，并前往医院缝合伤口。为他处理伤势的医生是一位身穿白大褂、留着活泼的齐刘海和金色卷发的女士。她困惑地皱着眉头，检查了道尔顿身上的诸多伤疤，然后问他是否需要麻醉。

道尔顿用南方口音回答道："不，谢谢了，女士。"医生问他："你喜欢疼痛吗？道尔顿先生？"道尔顿说出了那句著名的台词："疼痛伤不了你。"

生活中的疼痛、悲伤和不幸——例如在一个破酒吧里被一名发怒的醉汉捅了一刀——并不是我们所追求的东西，但有些苦难是避免不了的。我们越快地从痛苦、失落和沮丧中走出来，就能越早地从中吸取教训并继续前进。当然，某些特定的事情是我们无法笑着面对的，例如父母、配偶或朋友的去世。但是生活中有很多方法来感恩生命，让我们在失去的时候仍然能够找到幸福。这不是关于苦难本身，而是关于我们如何以及为什么选择苦难，以及最重要的，我们可以从中获得什么。在第七章中，我将对此进行详细介绍。

有时候，痛苦和逆境会为新的机会打开大门，比如去见一位发型糟糕的漂亮医生，赢得一场橄榄球比赛，完成地狱周，实现伟大的运动壮举，改变一个企业，消灭国家的敌人，找到梦想中的工作，或遇见一生的挚爱……

我来问你一个问题。当你安全地待在自己的舒适区时，你什么时候才能取得惊人的成就？

我们都知道答案，那就是永远不能。

我们都知道，当今的社会文化喜欢敢于冒险的人，我们渴望从社交媒体上看到鼓舞人心的内容，以便让我们的头脑保持清醒。就像大卫·戈金斯让你意识到自己是一个只会抱怨的、软弱的人一样！我们也清楚，对冒险抱有开放态度与新的人生可能和光明的未来息息相关（不是盲目冒险，而是经过仔细评估）。但我们通常都怎么做的呢？我们在自己的安全的小世界里过着舒适的生活，让其他更大胆的人来代替我们承受苦难。

为什么？因为人类曾本能地需要避免被剑齿虎这样的猛兽吞食，或避开一群劫掠者的袭击，但现在，正是这种本能在阻止我们开展新的冒险。走出门去，尝试新的事物，进入这个巨大、可怕的世界，告诉它你无所畏惧。对生活说"是"。不管它是好的、坏的，甚至是丑陋的。

但不知你是否知道：这个世界其实不像很久以前那么可怕了。当然，世界现在是，将来也永远是一个充满着不必要的暴力和痛苦的地方。战争将永远存在，国内外的恐怖主义短期内不会消失。蔓延全球的疫情将夺去许多生命和商业机会。但对大多数人来说，古代的那些恐怖事件是不太可能出现的，比如被海盗劫持、被烧死在火刑柱上、被乳齿象踩死，或者被挥着火炬的愤怒暴徒抓走。

虽然寻求快乐和避免痛苦是我们普遍本性的一部分，但在我们面对苦难时，文化起着核心作用。在西方，人们通常拒绝受苦。我们认为这是阻碍我们追求幸福的烦人之物。所以我们对抗它、抑制它、治疗它，或者寻找快速的解决方案来摆脱它。但在一些文化中，特别是在东方，苦难是被接受和认可的，在通往启蒙的曲折道路上，它可以对人们的生活起到重要作用。但是，苦难可以带来好处这一事实，并不意味着我们应该主动寻求它，虽然疾病可以强化我们的免疫系统，但这不代表我们要故意去生病。我们自然而然地在生活中寻求快乐，并尽量减少我们所承受的痛苦，但痛苦仍然会找到我们。

那么，我们要如何引导情感、心理和身体上的痛苦，并将其转化为一种途径？请参照下表。

表1-1　痛苦是如何转化的

行为	过程
充分体验你的痛苦和感情	人们犯的最大错误就是伪装自己的感情，否认自己真正的痛苦。这种行为会适得其反，并可能在未来导致更深层次的问题。每当一种情绪出现时，我们都应该去感受它。你的身体会告诉你什么时候足够了。哭泣，尖叫，再哭泣——不过这样的方法也许不适用于公共场合（或海豹突击队的训练）。让自己接受开始，拥抱过程。人无法逃避自己的感觉，拥抱它吧！

行为	过程
挑战你的认知	痛苦永远不会持续下去，因此俗话说"一切终将过去"。但如果通向地狱的刀割般的水流似乎没有尽头时，你仍然可以寻找方法来关注积极的一面，而不是消极的一面。认知在一个人接受事物的过程中起着关键作用。我们的大脑有时会变成邪恶的混蛋——它控制我们，扭曲我们的现实。我们必须后退一步，挑战我们现有的思维方式，如果你愿意的话，就来一次"透视审查"。你可以问自己：我目前的压力与痛苦的根源是什么？我目前的观点现实吗？它解决了我的任何挑战吗？或者有没有一种不同的、更具成效的认知方式？
让自己受到正确的影响	在这个阶段中，你会像我一样，看清哪些人可以依靠，哪些人不能。这是一个良机，可以让你清除生活中或许会阻碍你前进的人。从良师益友或你爱的人身上寻找灵感。依靠家人和朋友。如果你没有可以依靠的人，就去找一个治疗专家。如果这些不起作用，就专注于重新建立积极的人际关系。但千万记住，把那些不希望你过得好的消极失败者从你的生活中剔除
保持（或变得）积极，避免消极的应对机制	不要把所有精力都集中在无法控制的事情上。那等于是在浪费时间，你要积极地投入到日常生活中，例如长跑、游泳、骑行、武术或以上所有的运动，并致力于此。身心健康是拥抱世界的关键。同时，如果你正在对抗抑郁、悲伤或愤怒，那就远离酒精和其他只会加剧你痛苦的物质。你可能认为是悲伤淹没了你，但其实是你在为它们提供燃料。这不是你人生旅程所需要的东西

行为	过程
告别祸不单行的迷信（我还不确定我是否完全相信这一点）	当然，也许你今天一觉醒来，就发现浴室的水淹没了整个底层；你打开电子邮件，却读到了最大客户发来的取消合同的消息；然后在年度体检中，你的医生说你可能患有前列腺癌。你可能会想："真的假的？这是怎么回事？"科学家们在研究了"祸不单行"的原因后发现：根本就不是这样。我们在随机数据中寻找特定模式，并以此从无序中提取有序。这被称为确认偏误——即倾向于确认我们预先的猜测、假设或推论，而不管这些猜测、假设或推论是否都是事实。我们需要找到让一切都合理起来的解释，但这反而会扭曲真实的情况
接受和原谅	对自己或他人的持续仇恨只会毒害你的心灵。杀死你战友的敌人、前任配偶和她的律师、夺走你妹妹生命的酒驾司机、癌症，你有理由去恨这一切。但仇恨只会让你永远地陷在过去，令今天的你由你放不下的事情定义。学会放下心中的包袱。当你这样做的时候，你会感觉到自己的压力减轻了，并且能够将新的能量引导到积极的新追求中。当然，这些说起来容易做起来难，而且也不会一夜之间就发生。真正放下包袱的唯一方法就是让时间来治愈你。到那时你自然就知道了

接受生活早晚会给你迎头痛击的现实，把它变为成长的垫脚石。试着期待它发生，因为一直逃避困难和痛苦对你来说只有坏处。你拥有的每一次经历和每一秒时间都是宝贵的。生命如此短暂，我希望你即使在最糟糕的情况下也要做到最好。如果你做到和我一样，那你可能会惊讶于你获得的坚毅、智慧和力量。

付诸行动

读到这儿你可能会觉得："去你的吧。"因为我没有体验过你所经历的那种痛苦。的确如此。但我写这本书的目的并不是为了让人觉得我无所不知，或是告诉大家我经历过生活中所有的苦难。我只是提供了一个工具，你可以在黑暗和迷茫中以自己的方式使用它。

我承认，我是在相对优越的环境中长大的。我没有被解雇过，也未受过身体虐待（除了海豹突击队的训练和战斗），更没遭遇过严重的疾病或伤势。至少目前还没有。但我去过饱受战争蹂躏的国家，见识过那里的恐怖。我曾经在眼前亲手夺去过别人的生命。我失去了很多朋友。直到现在，我车库里的伞兵包中依然还有一件沾着血迹的迷彩服——血不是我的。我不记得最后一次整晚安睡是什么时候了，我每半小时左右会醒来一次，这显然是不正常的。由于不忠和吸毒，我经历了一场可怕的离婚。不，犯错的不是我。我之后成了一名全职单亲家长，带着蹒跚学步的孩子，在遇见我不可思议的现在的妻子前，我在这里创立了两个公司。谁能想到呢？在创业和做生意的过程中，我经历过经济困难和极端的压力。我的宠物猴子在非洲被淹死在一个纸板箱里。就在我写下这些文字的时候，我还在忙着拯救我目前的公司。在伊拉克战斗的时候，我得过好几次严重的痢疾。所以，我和你们一样，都遇到过一些"麻烦"，而且我肯定生命中还有更多苦难在等着我。

无论如何，关键是，我们都有自己的人生旅程。但在正确的心态下，痛苦可以成为一条成就非凡事业的道路，它能助你成就一段杰出的人生，而我们要做的，就是笑着迎接这条路上的苦难。

本章问题

我的思维是固定型的还是成长型的？

回想一些在身体和情感上令我感到痛苦的经历，我当初的反应是怎么样的？我花了多长时间才痊愈？我能做些不同的事情吗？

我如何把痛苦的经历应用于个人成长和发展之中？

我是否变得更坚韧了？我的大脑究竟是适应了苦难，还是将继续用同样的方式应对逆境？

我需要时常做些什么来给生活注入一些积极的痛苦？

当我特别坚韧的时候，我的信条是什么？

第二章

打好你的一手烂牌

> 混乱之中，亦有良机。
>
> ——孙子

我不经常打扑克牌。我可以想出更好的方式来消磨时间，何况打牌还会挥霍我的金钱。扑克牌的本质就是分析胜算。大多数平庸的玩家不明白这一点，所以他们只专注于自己的手牌。输的时候，这些人经常想，可恶，我总是拿到一手烂牌。他们认为自己输牌要么是因为运气不如别人，要么是因为从来没在一开始拿到过好牌。在他们看来，这种有缺陷的逻辑并无漏洞。

随着时间推移，我们每个人收到的好牌和坏牌的概率是相同的。运气总是会趋于平衡。任何人都能用一手烂牌取胜，无论打牌还是生活。事实上，真正的赢家并不相信运气。他们通过深谋远虑、努力工作、精心准备、恰当的路线修正和坚韧的品格来创造自己的运气。特别是当他们从逆境中恢复的时候。

除了不可避免的伤病——或更糟的情况——成功完成BUD/S课程与运气完全不沾边。这个课程的最后一个月是在圣克利门蒂岛（San Clemente Island）上进行的，通过的人将可以参加SQT训练（流程中更高级的部分），圣克利门蒂岛位于加利福尼亚海峡群岛的最南端，处于美国海军的控制和管理下。（按海豹突击队教官的说法，那里"没人能听见你的尖叫"）所以，我们可以认为，那个岛上有大把的烂牌。

"不幸之轮"

加利福尼亚州，圣克利门蒂岛，2001年9月23时

　　我们从橡皮快艇的两侧悄悄地滑下，潜入离岛屿海岸约半英里（1英里≈1.6千米）远的深邃寒冷的太平洋中。这是我们最后的训练（实战演习）。BUD/S课程就快结束了。我们下个星期就会毕业，然后开始SQT训练。但我们不知道的是，接下来的一周也标志着一场20年战争的开始……曼哈顿双子塔轰然倒塌。我们的世界即将改变。

　　我们戴着潜水帽，穿着黑色干式潜水衣和长脚蹼，脸上涂着迷彩颜料。我们把战术背包装在干燥的袋子里，以防自己的装备、炸药和多余的弹药被浸湿。在我们下水后，船就被悄悄地拉走了。我们在原地漂浮了大约10分钟，注视着海岸线，然后派出两名游泳侦察兵去探索海滩。

第二章 打好你的一手烂牌

侦察兵在上岸后，用战术安全手电向我们快速闪了3次——这是表示安全的信号，意味着剩下的队伍可以登陆海滩。我们安静地拍打着脚蹼，向着突入点游去，步枪放在漂浮的干燥袋上，以便应付来自海岸的火力——但我们小心地保持着低调。当我们游进大约1.2米深的水中时，每个人都取下自己的脚蹼，把它们挂在手腕上，或者用一个钩环快速系在腰带上。我们悄悄地上岸，穿过海滩，来到侦察兵旁边，同时朝着各个方向扫视，寻找可能的威胁。我们就像全副武装的暗影，在沙滩上滑行，随时准备对敌人发起让他们肝胆俱裂的打击。我们的侦察兵发现了一片不错的岩层，那里能为整支队伍提供良好的掩护和隐蔽。我们设置了一道安全警戒线，然后脱下干式潜水衣——我们所有人里面都穿着丛林迷彩服。几分钟后，我们做好了出发的准备。在制订任务的过程中，我们规划出了通往敌人基地的最佳路线——那里有一个小村庄和武器储藏室。这段路程要花费我们几个小时的时间，每个学员都配备了大约27千克重的装备。我是一名机枪手，因此我要携带一挺M60机枪和大约1000发装在子弹带上的7.62毫米子弹。所以，我的装备重量大概有45千克。这条路线的第一段包括了攀登海滩边缘的悬崖，我们要沿两个方向攀爬数千米。行军的道路很难走，我们在前进时汗流浃背，但在短暂休息时却感觉又湿又冷。

大约凌晨3点，我们到达了坐标区域，在发起攻击前，我们需要建造几个藏身处，并在里面对敌方目标进行为期3天的监视观察。我们的队伍沿着山脊线分散开，这里为我们提供了极为有利的位置，可以观察深达千米的峡谷中的敌方基地。时间至关重要，因为太阳很快就会从地平线上升起。如果教官发现了你的藏身处，你将受到严厉的惩罚。我们拿出铁锹开始挖掘，其他人开始收集灌木和任何可用的材料。岛上的地形不利于天然的隐蔽手段，因此我们必须利用背包和迷彩网来发挥创意。一个小时后，我们在各自的藏身处里挤作一团，准备在一个很浅的土洞里生活3天。笑着迎接苦难吧！

在接下来的几天里，我们轮流负责"监视"——制作敌方目标的手绘草图，记录敌方哨兵的日常活动，拍照，使用我们的特战视频系统将情报传回战术作战中心。我把休息的时间都花在睡觉、嚼哥本哈根烟叶和幻想毕业后的景象上了。这些听起来很有趣，对吧？第三天晚上，进攻的时候到了。我们收拾好装备，从藏身处离开。

我们分散成一道散兵突击线，每个人相距几米，沿着斜坡向敌人基地移动。在距离目标大约200米的时候，我们转为L型的伏击队形。一部分队员是掩护部队，他们会用全自动机枪的猛烈火力弱化目标的防御。另一部分队员则是机动部队，他们将迅速切入战斗，清除剩余敌人的威胁。阵形设置完毕后，我们立刻发起了攻击。我们的行动快速、突然而且暴力。

杀啊！杀啊！杀啊！

我当时是掩护部队的一员。我们都俯卧着射击。每个建筑的墙壁都被数百发子弹精准地射穿。我的M60枪管因为过热而发出红光，机枪里弹出的炽热空弹壳像雨点一样落在我们身上，灼伤我们每一块裸露的皮肤。最棒的是它们还会跳进你的迷彩服里，摇摆着从你的背上滚下来，把你烫得屁滚尿流。我现在还有伤疤可以证明这一点。

"转移火力，转移火力。"机动部队的队长在无线电里喊道。我们继续保持着密集的火力，但枪口转向了敌方基地另一边的底部，那里是机动部队的突破口。他们迅速突入基地，开始清理各个建筑，在进入前向每个小屋投掷手榴弹。嗣嗣嗣！接着我们的部队也冲了进去——正好穿过一片烦人的仙人掌——以协助队友清理目标。在占领目标并消灭所有敌方威胁后，我们布置了守卫人员，然后准备炸药来摧毁武器库。

"格里森，我们需要导火索。"我们的队长说，他让我取出用于连接多个爆炸装置的导线。"明白，稍等。"我回复道。接着我迅速地翻找着自己的背包，然后更仔细地找了一遍，最后更加细致地找了一遍。该死！

"格里森，快点！"队长再次对我说。"伙计，我找不到导线。我不知道怎么回事。我记得把它放进包里了！"我用混合着惊恐和尴尬的语气回答道。还好我们的理念就是有备无患。另一名队员把他包里的导火索递了过来。我们设好引信，然后撤到爆炸半径之外。

"3、2、1，引爆。"

嘣！爆炸把木质房屋汽化了，木板碎片飞入月光下的天空。我们以极快的速度返回，这样就不会错过撤离的时间点。大约10分钟后，我们抵达了海滩，向船只发出信号。他们立即发出了回应信号，我们以真正的蛙人方式游出了碎波带（但我们仍然只算是蝌蚪）。上船后，教官们宣布任务完成，我们回到岛另一边的学校进行行动回顾——也就是正式的军事汇报。我严重的失职行为没有被忽视。

无论成功与失败，我们都是一个团队。因此，当某个人犯错误时，所有人都会为其付出代价。我们中有几个人搞砸了，或者违反了安全规定。因此教官们把全班同学集合起来，命令我们3个人走到队伍前面，在我们面前放着臭名昭著的"不幸之轮"。

好吧，也许你看过《幸运之轮》（*Wheel of Fortune*）这个节目，是吗？你旋转那个轮子，选择一个字母，然后试着解决相应的谜题，不然就得破产。但在节目中，破产并不会带来严重的体罚——你只是失去了挣到的钱而已。现在想象一个小一些的木质轮子，它每一个槽位的"奖励"是一种刑罚，例如在人身上浇满沙子和水，没完没了地做俯卧撑、波比跳、星形跳，或其他让人筋疲力尽的"奖励"。

"格里森，该你了！"一名教官吼道。我畏缩地转起了轮子。砰、砰、砰、砰、砰……砰……砰……砰。轮子最终停了下来。100个八步式立卧撑（eight-count）。这是最糟糕的运动，它基本上是要求你像吃了类固醇一样做立卧撑。全班都呻吟起来。我们这一次在劫难逃了。我能感觉到匕首一样的目光刺向了我的后背。

　　"好了，你们看到轮子的结果了。100个八步式立卧撑①。快开始吧！"另一名教官用得克萨斯州口音咆哮道。"是，史密斯教官！"全班用最大的声音整齐地给出了回答。我们每做一个，班长就数一次。但是让教官意想不到的是，整个班级其实很兴奋，情绪也很好。因为我们基本完成了BUD/S课程。等到第二天，我们会在课堂上表演短剧，取笑教官们的性格缺陷，然后返回科罗纳多。每个学员都承受了如此多的苦难，以至在这个时候，教官们已经没什么可以打垮我们的办法了，他们知道这一点。几个月的心理和身体惩罚使我们比以往任何时候都更加坚强。随着岁月的流逝，我们只会变得更加坚韧。由于一些很不该犯的错误，我们又搞了一手烂牌。但那又怎样？做100次八步式立卧撑是我们的第一选择吗？不，但如果有必要的话，我们很乐意做1000次。我们的血管里流淌着三栖战士的火焰。

---

① 八步式立卧撑：一套结合了俯卧撑、波比跳、支撑分腿、收腿等动作的组合动作，共计有八个分解动作。——编者注

我们班的学员开起了玩笑，嘲讽教官，说这一切还不够。"再狠一点！你们还有什么手段？来呀！来呀！"我们的舒适区已经不再有边界了。接受痛苦反而是舒服的事情。

痛苦变成了一条道路。

最初参加BUD/S课程第235班的200多名学员中，最终只有23名成功毕业并开始了SQT训练。随着阿富汗战争爆发，以及伊拉克出现冲突的传闻，我们知道自己很快就会和敌人战斗。我们的心态迅速转变，现在我们是战时的海豹突击队了。在获得三叉戟徽章后，我被分配到加利福尼亚州科罗纳多的海豹突击队五队。真正的历练才刚刚开始。

> 没有哪种狩猎像人类的狩猎，那些武装的狩猎者一直乐此不疲，却从来不在乎其他的事。
>
> ——海明威

2002年11月，我的任务小组最终奉命前往伊拉克。海豹突击队三队将参加对法奥半岛的先头攻击，然后与常规部队一起向北推进。来自五队的我的任务小组将在巴格达、拉马迪、费卢杰及周围区域执行"抓捕或击杀"任务，我们是追捕或追杀恐怖分子的猎人。

我们已经拿到了这场"演出"的门票，很多人认为这场演出可能在真正开始前就结束了。我们错了。

海豹突击队十队，回国前两周

伊拉克，2007年

如果你想知道真正的坚韧是什么样的，请继续读下去。这是关于杰森·雷德曼（Jason Redman）的故事，他是我在海豹突击队的朋友和兄弟。

> 就算被击倒，我也会一直站起来……我永远不会退出战斗。
>
> ——《海豹突击队精神》

"还有一分钟。"无线电里传来了通知。3架直升机满载着久经沙场的海豹突击队员和他们的伊拉克同僚，即将抵达费卢杰对敌方目标发起进攻。他们的任务是抓捕一名基地组织高级领导人，他们在整个部署行动中一直追捕着这名恐怖分子。目前的情报是这次行动将很有机会成功。不过行动人员普遍认为他们将与训练有素的恐怖分子进行激烈的战斗。

作为海豹突击队的一名指挥官，杰森坐在领头的直升机上，它将直接降落在院子正门前的街道上。我们称之为"目标直降"。行动的速度、突然性和冲击力是至关重要的。队伍里的破

门手和先遣兵坐在直升机的一侧，杰森和另一名海豹队员坐在另
一侧。他们本来想让破门手的舱门对准院子的大门降落，以便他
可以迅速行动。但不幸的是，他们朝着相反的方向着陆了。时间
很紧迫，所以他们必须做出调整。杰森和另一名队员从直升机上
一跃而下，冲向院门，其余的突击队员紧跟其后，他们的武器对
准了各个方向，扫视着可能的威胁。他们检查了院门，却惊讶地
发现门并没有上锁。队员们迅速、熟练地组织好队形，这是多
年训练和数百次类似战斗任务历练后的结果。他们排成一队，
紧贴着主楼的外墙，破门手则努力打开大门。杰森的心怦怦直
跳，但他仍然始终纵观全局。每个人都抱着坚定的决心，因为他
们知道自己可能会立即陷入枪林弹雨之中。门很快被打破，他们
涌进了宽阔的前厅。但并没有AK-47子弹射向他们的胸膛，相
反，前厅里空空如也。队伍继续清查目标的情况，他们穿过主
楼和周围较小的建筑物。没有恐怖分子。我们把这种目标称之
为"干井"（dry hole）。不过，他们在围墙旁边一座较小的建
筑里发现了一个巨大的武器库。在目标被正式宣布为"安全"
后，他们设置了防卫措施，并开始进行敏感地点勘查。杰森站
在中央建筑前面的台阶上指挥交通，一艘AC-130空中炮艇在头顶
盘旋，提供空中支援。

"长官，似乎有几个敌人正在从一栋房子里出来，他们正在
往距离你北面约150米的街对面的田地里走。"炮艇上的一名技术

员说道。

"收到。"杰森回复道。他迅速呼叫了战术作战中心，并转达了技术员告诉他的话。按照标准行动程序，他们需要进行追捕，所以杰森集合了一支由海豹突击队员、伊拉克士兵和翻译人员组成的小队，迅速向已知敌人最后的位置前进。当他们移动到战场边缘时，空中炮艇传来消息说敌人位于茂密的灌木丛中。

"你能判断出他们是否有武器吗？"杰森向空中炮艇询问道。但回答是："不能，长官。"杰森命令队伍分散成一道散兵线，每个人相距10米左右。在后来的一次交谈中，杰森告诉我，他当时有种非常不好的感觉。有些事情似乎不对劲。如果你曾晚上在浓密的灌木丛中追赶过敌军战士，你就会知道夜视仪就像水泵手柄上的鸡屎一样毫无用处（这是得克萨斯州的一句俚语）。

杰森要求所有人切换到另一个频率，这样他们就能一边与武装直升机进行联络，一边互相通信。但并不是每个人都听到了他的命令，所以左右两翼的小组并没有在一个频道上。因此，当杰森命令他们向东北方向推进时，左翼小组继续向西北方向行动，这造成了一个巨大的缺口。当时的能见度近乎为零，空中炮艇也没有提供新的可靠信息，杰森命令他的队伍屈膝等待。一分钟后，翻译来到他身边，告诉他左翼小组已经不在了。该死。他们还留在之前的频率上，没有听到他的命令。

　　杰森和他的队伍离开他们的位置，继续向田地的东北边缘推进。浓密的灌木丛很快变成了一片开阔平坦的泥土地，那里位于田地和其东边50米左右的道路之间。当他们闯入空地时，杰森的医疗兵正好踩到了一个隐蔽起来的敌人。那名敌人试图翻滚躲开，但海豹突击队员向他的胸部射出了3发子弹。随后，一场交火立刻爆发了——医疗兵的腿部中了一枪。杰森随即呼叫了左翼的小组。"我认为那个决定真的把我们害惨了。"他后来告诉我。

　　突然间，他们遭到了一阵猛烈的射击，火力来自20米外敌军阵地上的重机枪。他们直接钻进了敌人的埋伏圈。一发大口径子弹射穿了杰森的肘部，又打穿了他的防弹衣和头盔，他的夜视仪的左半部分被弹片炸飞。杰森摔倒在地，左前臂的情况很糟。他的其他队友现在位于空地唯一的掩体后面，那是一个拖拉机轮胎。杰森处于他们和敌人阵地之间，在他头顶几厘米的地方，双方正激烈交火。杰森知道他必须离开这儿，返回到掩体的位置。子弹噼噼啪啪地砸在他周围，他站起来开始跑步。一发机关枪子弹击中了他的右耳正前方，打掉了他的右半边脸。杰森倒了下去。他的队友目睹了所发生的一切，心中已经做出了最坏的估计。他们继续着战斗。杰森的队长和联合战术控制员切入无线电中，请求空中炮艇向危险区域附近提供炮火支援。"办不到，如果我们开火，我们会害死你们的。"他们回答道。

第二章　打好你的一手烂牌

　　杰森脸朝下躺在泥土里，一摊血迹在他身下迅速扩散。他还活着，但失去了知觉。当他苏醒过来时，子弹依然在天上飞。他知道自己活的时间不长了。他向队友大声呼喊，队友们为他依然活着的事实而震惊不已。"告诉我目前的总人数！救护直升机还有多久才到？"他喊道。"我正在处理，兄弟，原地待命！"队长回复道。

　　再次提醒他们可能会被波及误伤后，一名空中炮艇的成员索要了海豹突击队联合战术控制员的号码，并确认了需要攻击的目标。大约一分钟后，敌方阵地被空中炮艇的重型武器摧毁。机枪的火力立刻停止了。杰森的队友立刻跑向他的位置并开始拽他，这时救护直升机降落在30米外的地方。杰森承受着难忍的疼痛，自己站了起来，在无人搀扶的情况下走完了剩下的路。后来他告诉我："我只记得埋着头走路，看到似乎有好几升的血流到我的靴子上。"

　　杰森很快发现，他的面部、胸部和手臂一共中了7枪。最具破坏性的一发子弹是从他的右侧面部进入，然后从他的鼻子穿出。他的左肘完全粉碎，前臂只靠肌肉和肌腱连接。

　　2007年9月16日，杰森抵达马里兰州贝塞斯达的国家海军医疗中心（National Naval Medical Center）。在接下来的5年里，他接受了37次手术，一共缝了1200针、打了200枚钢钉、进行了15次植皮和1次气管切开术。他失去了嗅觉，左臂的活动也受限。

杰森康复期间，有很多人来拜访他，包括队友、家人和朋友。但是杰森很快就被他们的悲伤和泪水弄得灰心丧气，所以他在病房门上挂了一个牌子。鲜艳的橙色告示上写着：

所有进入这里的人请注意。如果你带着悲伤来到这个房间，或者为我的伤势感到难过，那就去别处吧。我在自己热爱的工作中受到了创伤，这是为了我爱着的人，也是为了我深爱的国家和它的自由。我非常坚强，并且会完全康复。知道这个房间充满着什么吗？那就是我达到绝对极限的身体恢复能力。之后，我将通过纯粹的精神韧性进一步推动这个能力增长20%。你即将进入的这个房间充满了欢笑、乐观，以及强烈而快速地再生。如果你还没有准备好，那就去别的地方。

这个告示吸引了当时的美国总统老布什。杰森后来在总统办公室得到了布什的接见。这个告示现在悬挂在沃尔特·里德国家军事医疗中心（Walter Reed National Military Medical Center）的伤员病房。

医生们提供了一份详细的清单，列出了杰森以后再也不能做的事情。在公开场合，几乎每个人都认为他经历过可怕的车祸，但从来没有人问过他是否服过兵役。后来他做了一件T恤，上面写着："别盯着看了。我被机枪射中了。要你命的那种。"杰森和其他许多有着类似故事的人每天都生活在海豹精神之中。他们仍在战斗，从不遗憾。

受到激励了吗？毫无疑问。我也是。如果你因为踩到乐高积木就大喊大叫，你会不会觉得自己有点傻？杰森取得的成就远不仅于此。他的身体完全康复，精神状态比以往任何时候都好，他的婚姻幸福，有了孩子，并且把关于坚韧和领导力的"征服"哲学教授给其他的个人和组织。他是一位成功的企业家，闻名世界的励志演说家，他的《三叉戟》（*The Trident*）和《征服》（*Overcome*）两本书成了畅销书。他心怀感激，善良亲切，毅然投身于比自己更伟大的事业中。总之，他绝对是个硬汉，而且毫不落魄。关键是，任何人（只要有足够的决心）都可以接受这种战士心态，克服看似不可逾越的困难，不管他们会不会遇到糟糕的境遇。如何看待和应对逆境，在于我们自己的选择。

2001年，格伦·E. 曼格里安（Glenn E. Mangurian）在无征兆的情况下椎间盘破裂，导致腰部以下瘫痪。他后来主张，创伤性事件会导致人们重新思考自己的生活、信仰和道德理念。在《哈佛商业评论》（*Harvard Business Review*）的文章《认识你由什么组成》（*Realizing What You're Made of*）中，他分享了在逆境中获得智慧的六大关键要素：

（1）你不知道明天会发生什么——而这样更好。

（2）你无法控制发生了什么，只能控制你的反应。

（3）逆境会改变现实，但却能让人看清真相。

（4）失去会让剩下的东西更有价值。

（5）创造新的梦想比执着于已经破碎的梦想更容易。

（6）你的幸福比纠正不公正的行为更重要。

塑造坚韧的品格——我们将在下一章深入讨论——需要从笑迎苦难开始。放弃因果思维，摆脱分析困难症，以行动为导向，勇敢地去执行。不要抱有"为什么是我，为什么是现在"的心态，要努力寻找新的道路；你可以问自己："我从中得到了什么，我怎样才能把它变成人生旅程的燃料？"

改善你的心智模式

根源分析5步法

我们总是花太多宝贵的时间，去思考为什么可怕的事情会发生在我们或我们所爱的人身上，而不是寻找其根本原因，并采取行动继续前进。因果思维和分析困难症会让我们囿于平庸，满足于吃乐之饼干和看日间电视节目之中，从而削弱我们从糟糕经历中吸取教训和采取行动的能力。因果推理是识别因果关系的过程。因果关系的研究从古代哲学一直延伸到当代神经心理学，但让我们表达得简单些：这里指的就是沉溺于过去。我们应该从过去学习，而不是陷入其中。

在战场上，分析困难症会让你丧命。电光火石之间，你没时间去思考一个错误，也没时间去悼念四五米外流着血倒下的队友。当你被敌人的火力所压制，不得不在一个糟糕的选项中选择一个时，你仍然必须做出决定。就算你的排长脸上挨了一枪，你还是必须在交火中获胜，然后才有可能为其他人提供至关重要的援助。否则，更多的伤亡会累积起来。这些听起来很糟，但这就是真实的战争。

在笑迎苦难和创造非凡人生的道路上，你可能会遇到一些逆境。各种障碍会以最不合时宜的方式出现，这些障碍可能是敌人的伏击、蔓延全球的疫情、席卷城市的暴乱、又或是可怕的医疗预后。但那又怎样？控制你能做的事，放弃你不能做的。

有些人会陷入因果反思，有些人会运用学到的经验采取行动，这之间有很大的区别。当我们接受了生活中糟心的小玩笑，并了解到我们能做什么，就能把思想转变为行动导向的思维，在这个过程中，胜利和美好的事情肯定会随之而来。记住，如果没有苦难，胜利永远不会到来。它们是密不可分的循环。

如果一件事里没有任何痛苦、苦难或挑战，那它就不值得做。

你有人生目标，对吧？如果没有，你就是一个失败者，这本书也帮不了你。但如果你有，请继续阅读。你什么时候在没有挑战的情况下取得过真正的成就？绝对没有。如果真有那种情况，那你的目标一开始就不是那么好。对不起，我向来有话直说。也许你的目标是创业或成家，进入一所伟大的学校，在一项你喜欢的运动中锻炼你的技能，种植菜园，养育孩子，掌握踩高跷的艺术，或者当选总统……但无论你的目标是什么，在前进的道路上总会有障碍和一手烂牌要处理。企业倒闭，家庭四分五裂，学校拒绝申请，教练挑选了其他球员，菜园被一群饥饿的害虫洗劫一空（顺便说一句，正是害虫毁了我们的花园），孩子们长成了青少年，只有怪人才觉得有必要掌握踩高跷的艺术，而且不是任何人都能成为总统——尽管我认为情况已经不是这样了，但现在我们还是不去讨论政治吧。

你无法控制"不幸之轮"为你准备的厄运，也未必能预知敌人的炮火会在何时何地击中你，你能掌握的，只有自己学到的经验教训，以及如何进行反击。你可以沉溺在痛苦中，也可以选择把悲剧踩在脚下，大卫·戈金斯在他的《我，刀枪不入》（*Can't Hurt Me*）一书中解释过这种思维方式。你可以给敌人一记重炮，站起来，掸掉身上的灰尘，继续迎接明天的战斗。当困难袭来时（它们一定会来），你需要找出根源（见图2-1），吸取教训，继续生活。

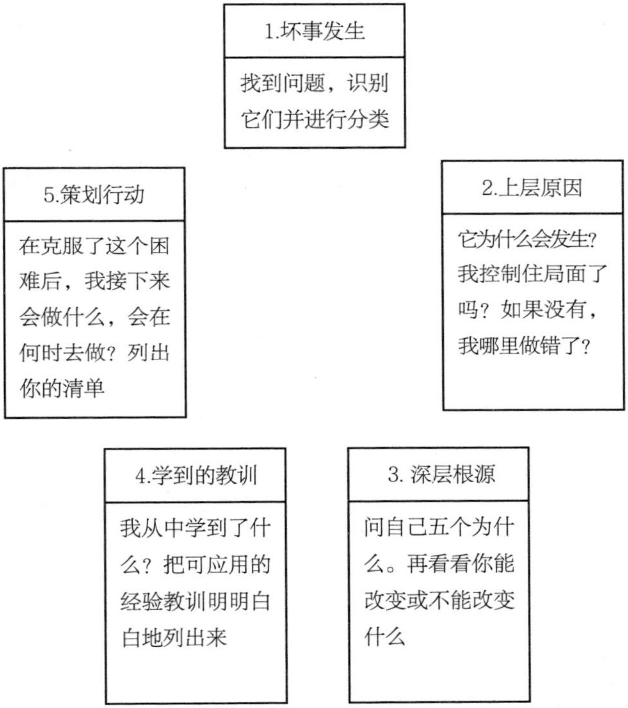

图2-1　根源分析五步法

假设你丢掉了你的工作。这就是"坏事发生"。你没想过会失业，你不知道为什么，没有任何明显的迹象，你的经理也没怎么解释。好了，现在你有了一个问题。你会问自己为什么会发生这种事。整理一张清单，列出你能控制和可能无法控制的事物。让我们假定，你所在的公司陷入了财务危机，因为一场不可预见的疫情在全球蔓延，你的部门进行了裁员，只保留表现最出色的员工——而你显然不是其中的一员。这是你问题的"上层原因"。

好了，该问为什么了。让我们进入第三步，找出深层根源，把注意力完全集中在你能控制的方面——就是那些你事实上表现不佳，或者你认为自己表现不佳的方面。不要纠结于任何你无法影响的事情。问自己5次为什么，每次都要给出更深刻的答案。

为什么？ 好吧，虽然我的经理总是含混不清，但我本可以对自己的职责拥有更多决定权（顺便说一句，那家伙是个混蛋）。

为什么？ 公司的事务权责不清，没人告诉我该做什么，但最重要的是，我也没有问。

为什么？ 因为我已经在这个岗位上工作一年了，我还不太清楚自己的职责，也不清楚自己为完成任务做出了什么贡献。

为什么？ 我认为我的经理并没有真正营造一个安心的工作环境，但我也宁愿把工作量维持在最低限度。

为什么？ 那些"全力以赴"的明星员工有太多工作要做，他们总是去接新项目。我更喜欢每天下午5点下班去做瑜伽。该死，我现在丢了工作，但有足够的时间做瑜伽了（可惜健身房倒闭了）。我沉浸在痛苦中，只能在公寓旁边的公园里遛我的狮子狗，而眼下我连公寓都负担不起了。

下面进入第四步，列出你"学到的教训"。开展个人复盘。问自己：我在哪些方面做得好？哪些方面做得不好？我需要改变什么来提升表现？把你的发现记录下来。有了这些数据，你就可以开始准备"策划行动"了。规划的内容一定要具体。确保你的目标是简洁、现实，以及有时限的。稍后，我们将进入笑迎苦难的行为计划模式，但首先要定下一个简单的目标，比如"永远不要因表现不佳而失去另一份工作"。

但有时事情并不那么简单明确。你是否曾在感受到压力或焦虑的同时，却依然找不到问题所在？有时候，找出原因真的和使用这个五步法一样简单。有趣的是，我经常发现，最初标记出的"坏事"甚至不是导致压力的原因。当我们没有正确地找出我们为何焦虑时，就很难制订适当的行动规划来缓解焦虑。可一旦找出正确的原因，你就可以利用自己所能控制的因素来击破它。

即便用最简单的形式来运用这个模型，你也会在过程中形成"肌肉记忆"。在面对逆境时，你将自然而然地产生这种心态。通过执行你的计划，你可以进一步磨炼自己的精神，增强情感上的坚毅程度。你的个人反馈循环让自己处于不断修正和改进的状态。每次苦难都会让你更快地恢复过来。你对逆境的认知，以及对自己和周围人群的影响将出现巨大的进步。

杰森的脸上中了一枪？是的，的确如此。但他已经是一个伟大的战斗领袖了，现在他更是一个坚强的人。他没有浪费一秒钟去哭泣。他径直地走向救护直升机，没有回一次头。他把悲剧变成了激励他人的工具。在我看来，他很了不起。

付诸行动

　　现在你要开始使用这种方法。自己试一试。回想一下你过去在遇到逆境时的反应，衡量一下你恢复的速度。画下一条基线，以它为标准来提升自己。你用了多长时间才找到正解，在战场上转移火力目标，或是呼叫空中支援？有些人拥有更坚韧的品格，他们从悲剧中幸存了下来——包括脑瘤、离婚、车祸、被解雇、被裁员、失去一笔生意，或是被重机枪射穿。敞开心扉向他们学习，了解他们是怎么度过逆境的。你一定会为他们感到惊讶。一旦你敞开心扉，开始与你信任的人分享自己斗争的过程，你会发现他们经历过更糟糕的事情。利用这些知识改变你的认知。

　　你的失败和痛苦都有其根源，它们妨碍着你的幸福，你需要找出它们，然后制订计划并且执行、执行，再执行。

本章问题

　　当我被击倒时，我是会很快站起来还是会自怨自艾？

　　当得到反馈时，我最初是倾向于惊讶、否认和愤怒，还是接受反馈并采取行动？

　　我从生活的苦难中学到了什么？我有没有用它来做出积极的改变？如果有，我在应用了这些改变时是否始终如一？

　　我是不是花了太多时间分析自己无法控制的事情，还是找到了一线希望并继续前进？

　　我如何使用根源分析五步法来自省？

第三章

也许你的价值观都是错的

> 价值观就像指纹。没有人的指纹是一模一样的，但你所做的每件事都会留下它的印记。
>
> ——埃尔维斯·普雷斯利（Elvis Presley）

如果你是一个有信仰的人（无论你信仰什么），你很可能相信我们每个人都有一个更伟大的计划——一个我们永远无法完全理解的计划，只有当我们忠于自己的价值观时，这个计划才可能实现（当然，前提是这些价值观并不糟糕）。对于个人或组织而言，核心价值观是他们的基本信念。这些指导原则在理想情况下会指引人们的行为，并能帮助我们理解对与错的区别。在经过清晰的定义后，它们将变成指引我们走向非凡人生的灯塔。

BUD/S课程235班　地狱周

加利福尼亚州，科罗纳多，2001年3月

22时05分

　　到周三晚上，235班只剩下大约40名学员。我们在烟雾中奔跑，意识已经模糊，因为我们睡眠不足，持续不停的疼痛已经超出了我们感官的负荷。但我们开始看到这场酷刑尽头的曙光。班上有些人因伤退出了，但等到痊愈后，他们将加入下一个班级继续挑战自我。但大多数人会认为这种生活不适合自己。很快，当我们所有人都被痛苦压倒，无法再笑着迎接更多折磨后，我们就回到了臭名昭著的"健身区"①（The Grinder），摇响那里的挂铃，然后把我们的绿色头盔与其他人排成一行。

　　雨已经下了3天。我的膝盖、两腿内侧、腰部、腋窝和头顶的皮肤都脱落了，乳头变成了两坨血块。我浑身起了水疱，海水对伤口的剧烈刺痛甚至已经变成了一种温柔的抚摸。当然，我的肘部依然处于骨折状态。我队伍中的一名伙伴有两处胫骨骨折，但他忍着剧痛一言不发，因为他要完成地狱周。

---

① 在海豹突击队训练营，"健身区"特指一片简单铺好的训练区域，用来进行无器械锻炼，在学员进行读秒休息的间隙，教官会拿着龙头朝其喷水。

第三章 也许你的价值观都是错的

我们在室外的水池旁立正，等待下一次训练指示——这次是"毛虫泳"。我希望它的内容能像名字那样可爱，像小孩子生日派对上的活动一样，但很不幸，事实并非如此。我们的班长约翰蜷缩在楼梯上喘着气。他已经患上了严重的肺炎，每过一小时，他肺气囊和肺泡里的脓液就会更多。整个星期以来，他都在接受医学检查，可他仍然像一名充满激情的专业人士一样领导着全班。但是约翰现在的情况看起来比我们任何人都糟。教官问他是否可以继续，毫无疑问，他说他可以。但从身体状况来看，我担心他无法坚持多久了。

教官命令我们划艇小组中的许多人一起进入水池，可我们的衣服裹得严严实实。"毛虫泳"是组间比赛。每个划艇小组中的学员都得仰面游泳，腿缠在前面那个人的腰上，只用胳膊推进。当你第一天刚报到时，训练任务已经非常困难了，所以想象一下地狱周第4天的训练会有多变态。当我的小组已经游了奥运会泳池一半长度的距离时，两名教官跳入水中。另一位手持扩音器的教官告诉我们离开水池，坐在对面的围栏上，脑袋朝下。约翰的身体瘫软了下来，他沉到了2.7米深的水池底部，仿佛他的靴子是水泥做的一样。教官们试图抢救他，我们从声音中听出了恐慌。然后，他们迅速将约翰送到待命的救护车上。全班学员被告知跑回街对面的训练中心，在教室里等候。

几个小时后，我们仍在等待，大家都筋疲力尽，一脸茫然。

突然间，门打开了，BUD/S课程的指挥官走了进来，径直来到教室的前面。他没浪费时间说废话。

"约翰死了。波拉多先生，你现在是新的班长。"指挥官看着原来担任副班长的军官说道。他停顿了一下，让大家接受这个消息。这感觉就像是肚子被狠狠踹了一脚。由于伤病和睡眠不足，我们已经很脆弱了。我们空洞地望着远方，泪水从眼睛里流出，顺着脸颊滑下来。"先生们，习惯这种情况。他很可能是你们失去的第一个兄弟，但不会是最后一个。不幸的是，我们现在不得不结束地狱周了。你们可以解散了。"然后他离开了房间，好像这只不过是办公室里的又一件琐事而已。

指挥官的话让我松了一口气，但我马上便感到一阵内疚。结束了。我们已经完成了地狱周——人类已知的、最艰苦的、为期一周的军事训练。但这一切结束是因为约翰死了。我努力去理解这一切的意义，之前从未有亲密的人在我身边去世。指挥官的话也许在冥冥之中预示了几个月后的"9·11"事件。从那以后，我甚至记不起我曾经参加了多少海豹突击队员的葬礼，太多了。

约翰是一个有着一套牢固核心价值观的人。他是一位受人尊敬的领袖，本不应该这样死去。但这也表明，生命是短暂的——为什么要浪费宝贵的时间，去活在一套糟糕价值观的误导之下？

正如俗话所说，人生的演出总要继续。第二周，训练恢复了。因为我们的地狱周提前一天结束，所以教官们要进行报复。

通常情况下，地狱周后的一个星期被称为"步行周"。由于你的身体非常虚弱，所以不需要每周再跑100千米了。你可以走路。但235班没有步行周，我们比以往任何时候都更惨。这是惩罚。每天我们都是一手烂牌，但我们一点也不在乎。我们有要完成的使命，而失去约翰的痛苦是我们前进所需的燃料。

正如我之前提到的，海军特战队已经投入数百万美元进行了相关的研究，试图确定最有可能毕业的学员在认知、身体和情感上有何种特征。最有趣的数据集中在一些难以衡量但又重要的方面，如共同的价值观、情感成熟度和服役热情等。与使命紧密相连的感觉可以让这些学员熬过最痛苦的时刻。他们有一个必须实现的愿景，一个非常重要的目标，任何事物都无法阻挡他们。他们的核心价值观可以与海豹突击队群体很好地契合在一起。

我们所做的每一个决定都是为了有意识或无意识地满足我们的需求。海豹突击队的训练也是如此。随着时间的推移，人类已经发展出6种决策方式：本能、意识信念、潜意识信念、直觉、灵感和价值观。

价值观是生命不可分割的一部分，它在我们的生活方式中发挥着重要作用。当然，它是极其个人化的，每个人的价值观都不尽相同。了解自己的价值观是很重要的，这样你才可以做出最好的决定，完成个人的使命。

我们有必要问自己下面这些问题：

　　我认为生命中什么最有价值？

　　我的终极目标是什么？为什么？

　　我实现这个目标的计划是什么？

　　如果不能坚定地回答这些问题，那么我们的决策、活动和行为将很难与想要实现的目标结合起来。我们的价值观将在生活的战场上经受许多考验，我们的经历会塑造这些价值观，可能是朝好的方面，也可能是朝坏的方面。有时，即使已经清楚地定义了自己的价值观，我们也会忽略它们。

　　但是，如果有一天你意识到——或被别人告知——你的价值观很糟糕呢？也许这些价值观把你引向了错误的方向？或者它让你因为错误的原因而追求错误的目标？以我认识的一个人为例，他的名字叫杰夫。杰夫是一位聪明又热情的年轻企业家，在研究生毕业后的最初几次创业中取得了相当大的成功。他的动力来自金钱和显赫的名声，但他也患有"独生子女综合征"。他备受宠爱，但也变得自私。他的个人和职业目标全是为了获得更多的东西。比如更多的钱，更大的房子，古董级的法拉利……他的欲望清单长得很。

　　有一天，杰夫向我抱怨他的婚姻，他的"躁狂抑郁"的妻子，他们经常吵架。他抱怨妻子总是对他大喊大叫，因为他既不帮忙带孩子，也不倒垃圾，更不会修理坏掉的厨房抽屉。我听着他的话，思考着他的观点，但也试图理解他妻子的立场。我非常了解他，所以我问他打算如何处理婚姻中这些常见但不可避免的现实问题。他天才般的回答是，等他的初创公司达到一定的营收目标时，会开始优先考虑他的妻子和孩子。是的！一定的营收目标。就好像这只是他的商业计划的一部分。当收入达到X时，我将修复Y。可惜有些事情是弥补不了的。

在短暂的停顿之后，我回答说："好吧，你是说你要在公司实现一定收入后才会优先考虑家庭，这个目标的时间表有可能，甚至很有可能，是不可预见的？"当然，我真正的想法是，当他实现公司的营收目标时，他的家人未必还在他身边了，而且那个目标未必真的能实现。"是的，我就是这个意思。我现在无法专注于家庭。"他证实道。他那坚定的想法让我愈发地震惊了。

他的价值观似乎……用温和点的语气说……我无法认同！而且我知道他在利用"出差"为借口去沉湎酒色和通宵玩扑克。顺便说一句，他是我不喜欢扑克牌的另一个原因。现在你认为他的妻子有躁郁的问题吗？事实已经很明显了。

你看，杰夫作为一个年轻企业家，有着完全正常的渴望：成长、金钱回报、建设伟大事业、提供就业机会和创造股东价值。但同时，这些渴望是以牺牲他人为代价的，他的行为基于一套完全错误的价值观。在那次谈话后不久，他的妻子离开了他，他们开始了一段在感情（和经济）上十分昂贵的离婚过程。他服用的药物越来越多，焦虑使他无法正确地将自己的业务提升到新的水平。他公司的营收甚至从未接近预定的目标，几年后，他因为债务问题而出售了他的企业。但他从这些经历中学到了宝贵的教训，然后继续去做了一些伟大的事情。不过我猜他总是会发出这样的感慨："假设当初我……"

如果我们的价值观与我们想要的生活不一致——当然，我是指那些真正重要的东西——那么我们面临的挑战要困难得多。有时我们的认知是不正确的。如果我们追逐着错误的梦想和抱负，那我们就会感到空虚和徒劳。

在我最喜欢的诗中，有一首讲的是如何过有价值的生活，你要了解你的核心价值观，并每天按照它们的标准生活。这首诗名为《死亡之歌》（*Death Song*），作者是特库姆塞（Tecumseh）。他是印第安肖尼族的战士和酋长，在19世纪初，他成为一个大型多部落联盟的主要领导人。特库姆塞出生于俄亥俄县（现俄亥俄州），他在美国独立战争和西北印第安战争期间长大，他参加过战争，并设想在英国的保护下，在密西西比河以东建立一个独立的美洲土著民族国家。特库姆塞是历史上最著名的美洲土著领导人之一，他是一位坚强而雄辩的演说家，促进了部落团结。同时，特库姆塞也有着雄心壮志，他愿意冒险，并在付出重大牺牲的情况下将美国人逐出了旧西北地区的印第安人土地。

他的这首诗在海军特战人员中广为传播，在许多方面反映了我们的价值观以及我们如何对待工作和生活。

　　认真过你的生活，让死亡的恐惧永远无法入侵你的心灵。不亵渎别人的宗教信仰，尊重别人的观点，但也要求他们尊重你的。热爱你的生命、保护你的生活、让人生的一切事物变得更美丽。试着让你的生命更长久些并服务你的人民。准备一首高贵的死亡之歌，以便迎接由生存迈入死亡的那一天。

　　不管是朋友还是陌生人，也不管是在僻静的地方，与他们相聚或擦身而过的时候，不要忘了给予言语或手势上的致意。尊重所有的人，但绝不卑躬屈膝。

　　在清晨起床的时候，感激你所拥有的光明、力量、食物和活着的喜悦。如果你找不到感谢的理由，那肯定是你自己的原因。不要辱骂任何人或任何事，因为辱骂只会将智者变成愚人，并夺走他们深谋远虑的灵魂。

　　当你的生命走到终点，不要像那些内心对死亡充满恐惧的人们一样，在临终前哭着祈求着生命能再给他们一些时间，好让他们按不同的方式再活一次。唱响你的死亡之歌吧，像一位凯旋回家的英雄那样死去。

　　这首诗的最后一段对我影响最大。它告诉人们要向死而生——你可以把它作为个人的谢幕策略，如果你愿意接受的话。

它让你重新定义什么是胜利并从新的定义开始努力，而不是让你列下遗憾清单并等待老天的安排。在笑迎苦难的过程中，个人的转变通常涉及对价值观的分析，然后才能适应那些让你不舒服的事情，接着审核我们的道德信念，使其变得真实可靠，并且与我们短暂生命中的目标相一致。

美国著名的作家、企业家和闻名世界的摄影师詹姆斯·克利尔（James Clear）曾说过："做出更好的选择往往意味着选择更好的约束条件。将你的选择限制在自身价值观的范围内，就相当于采取了一个重要的步骤来确保你的行为符合你的信仰。此外，约束会提升你的创造力。了解你的原则，你就可以选择你的方法。"从本质上说，任何行动或选择都应该明确地符合你的价值观。偏离自己价值观的行为通常会以悲剧收场。当然，前提是你的价值观并不糟糕。你需要问自己，为了遵循这些价值观，你愿意做什么？更重要的是，为了避免偏离，你不愿意做什么？

约翰是一个具有伟大价值观和坚定道德信念的人。在加入BUD/S课程235班之前，他曾是海豹突击队一队的情报官员。他的价值观让他下了决心，要把自己为国家服役的水平提升到一个新的层次。他立志成为一名海豹突击队员，并愿意为此献身于一项比他自己更伟大的事业，因此他甘愿冒着一切风险去追逐他的梦想。他的船桨一直在提醒我，让自己的价值观驱动自己的生活。

改善你的心智模式

个人价值观宣言

自"9·11"事件以来，海军特战队不断运用战场上的经验教训来调整战斗中的战略战术。从根本上说，《海豹突击队精神》是一份说明我们是谁以及我们存在原因的文化性宣言。它定义了我们的价值观。到2005年，我们已经在动荡和不确定的局势中战斗了4年，尽管我们组成了一个团队、一个团体，但从未花时间清楚地说明我们是谁。我们代表着什么？我们真正的目标是什么？我们为什么存在？我们对自己和彼此有什么期望？我们做出决定的基础是什么？什么样的价值观不仅定义了我们，而且定义了我们想怎样进入这个疯狂的小世界。因此，在2005年，一个关乎领导力的活动被安排下来。听起来很企业化，对吧？这个活动的目标是创造海军特战队的信条。由此，《海豹突击队精神》诞生了：

在战争或动荡时期，总有一群特殊的勇士准备着回应国家的召唤。他们是对胜利有着不寻常渴望的普通人。这些由苦难塑造的勇士与美国最精锐的特种部队并肩作战，他们一起为国家和美国人民而效力，并保护他们生活的方式。我就是他们的一员。

我的三叉戟徽章是荣誉和传承的象征。它由已经逝去的前辈英雄赐予我，代表着我发誓要保护的人对我的信任。佩戴三叉戟徽章，即承担起我选择的职业和生活方式。这是我每天必须赢得的特权。我对国家和队伍的忠诚至死不渝。我谦卑地担任同胞们的守护者，随时准备保护那些无法保护自己的人。我不吹嘘我的工作，也不为我的行为寻求认可。我自愿接受这份职业固有的危险，我将他人的福利和安全置于自己之上。我在战场内外都光荣地服役。无论环境如何，我都能控制自己的情绪和行为，这使我与其他人不同。我的标准是毫不妥协的正直。我的品格和荣誉坚不可摧。我的承诺就是我的保证。

我们期待去领导和被领导。在没有命令的情况下，我将负起责任，领导我的队友完成任务。我在任何情况下都以身作则。我永远不会放弃。我将坚持不懈，在逆境中茁壮成长。我的国家期望我的身体比敌人更结实，精神比敌人更强大。就算被击倒，我也会一直站起来。我将拿出剩下的全部力量来保护队友，完成我们的使命。我永远不会退出战斗。

我们需要纪律。我们期待创新。队友的生命和任务的成功取决于我的技术水平、战术素养和对细节的关注。我的训练永无止境。

我们为战争而训练，为胜利而战。我随时准备发挥全部战斗力，以实现我的使命和国家的目标。在需要的时候，我将以迅速和激烈的方式执行我的职责，同时也将用我所捍卫的原则为指导。勇敢的人们用战斗和牺牲建立了光荣的传统和令敌人畏惧的声誉，我将誓死维护它们。在最糟糕的情况下，队友们留下的遗赠将坚定我的决心，默默指导我的每一个行动。

我不会失败。

让我们来分析一下。在第一段中，定义了我们是谁，并阐述了"我就是他们的一员"这一事实。如果在开始BUD/S课程的那一天，我没有真正相信我是其中的一员，那我就没有理由待在那里。不过，与价值观相关的最有力的句子是："在需要的时候，我将以迅速和激烈的方式执行我的职责，同时也将用我所捍卫的原则为指导。"无论我们有什么目标，如果我们为了实现这个目标而牺牲我们的价值观，那一切都将失去意义。获得三叉戟徽章确实是过去的英雄们赋予我们的特权——这是我们赢得的，不是一次性的，而是每一天。

你有没有花费时间写下你的价值观？你可能已经在头脑中思考过它们，甚至谈论过哪些对你最为重要，但你是否真正地把自己的核心信念和价值观记录了下来？如果是，那在你对自己和他人行为的期待中，以及在自己承担责任的具体方式中，是否运用了它们？如果特战部队、获胜的运动队和高业绩的商业组织这样做了，那我们自己为什么不这样做呢？

如果你没有记录下它们，那么现在就是写下一份个人价值观宣言的时候了——其中要包含定义清晰的核心价值观、支持行为和责任机制。

第一步：动起来，拿起你的便笺纸。没错，就是现在。找一个没有小孩子、同事、割草机、小丑或恐怖分子的安静地方。再拿上一支有足够墨水的笔。首先，在每张纸上写下一个核心价值观。例如，信仰、正直、健康、家庭等。记住，它们必须对你有意义。这些价值观必须是你真正想要的，而不是你认为别人希望你拥有的。每一个价值观都有一个激励因素——它能够激励你变得更好，或能令你以更贴近你核心价值观的方式生活，但它们必须是真实的。尽可能多地写出你心里的价值观，不要担心风格或数量的问题。我们稍后再讨论如何给它们分类。

第二步：好的，现在你应该准备好了便笺纸，上面写着鼓舞人心和发人深省的东西。你在对自己说，伙计，我重视很多东西，这非常好了。如果你只有写下了一两张，那你就是个失败的人。开个玩笑，让我们继续回到第二步上。现在，尽可能将你写下的价值观按主题分类。把它们整理一下，贴在窗户、镜子或白板上，任何能发挥它们最佳效果的地方都可以。在下一步中，你将详细了解支持行为和责任机制，但现在，请将它们的数量压缩到4~6个。

第三步：现在，你已经准备好列出每个核心价值观的支持行为。例如，如果正直是一种价值观，那么它对你具体意味着什么？你将遵循哪些行为准则来支持你的正直价值观？为了按照这个价值观生活，你愿意做哪些事情？绝对不愿意做哪些事情？如果健康是一种价值观，你每天要做什么来实现这种价值观？在特定的时间起床锻炼？定下有时限的目标？设计一个新的饮食计划？不，我不是说新年立新志，那是留给失败者的。这些是你一年四季每天都要坚持的事情。它们代表着一种生活方式。为每个价值观简短地列出两个或三个支持行为。

第四步：非常好，你已经列出了你的支持行为。现在该怎么办？你要如何对自己负责呢？尽可能具体地为每种支持行为列出至少一种责任机制。例如，如果一种支持行为是为了腾出时间进行日常锻炼，那么你的责任机制可能是把闹钟设在每天早上5点整，如果你有更坚强的意志，那可以把闹钟设在凌晨4点半。你也可以让别人对你负责，比如告诉所有人你在这么做。当你不可避免地迷失方向时，责任机制将决定你如何回到正轨。

第五步：把价值观全部写在纸上，打印出来，压平它，放在桌子上。把它们刻在你的心里。如果可能，可以开发一个向你发送提醒的应用程序，但要是你成功把程序推销出去，别忘了分我一杯羹！

当我们的咨询公司带领客户完成这项工作时，其成果被称为团队章程，它定义了价值观、行为和责任，其适用范围包括了人才获取、入职培训、绩效管理和决策等。再说一次，如果高绩效团队使用了这种模式，那我们为何不为自己或家人使用它呢？

付诸行动

别像杰夫那样，而是要学习约翰。尽管约翰英年早逝，但直到地狱周的那个晚上前，他每天都按照一套真正的核心价值观来生活。这就是为什么他被人们热爱和深深地怀念。

如果花时间把你的个人价值观宣言变成现实，那么它不仅能引导你达到新的高度，还可以帮助你避开诱惑的陷阱。所以，去实现它吧。

> **本章问题**
>
> 我上一次检讨我的价值观体系是什么时候？
>
> 我是否根据特定的道德标准来做出决定？如果是，我多久会偏离一次标准？
>
> 逆境如何塑造了我的价值观？它们是如何转变的？
>
> 我能否诚实地告诉自己，我优先考虑的事情是否与我的价值观相一致？
>
> 我是否愿意每天使用这个方法？

第四章

驯服诱惑之虎

> 我能抵御一切，除了诱惑。
>
> ——《温夫人的扇子》（Lady Windermere's Fan）
>
> 奥斯卡·王尔德（Oscar Wilde）

想象你站在悬崖边上，周围是浓密的丛林植被，一直延伸到目光所及的远方。五颜六色的鸟儿在远处鸣叫。在悬崖的另一边是荣耀之城，你的人生目标、雄心壮志和宏伟的幻想就坐落在里面。但你不知道的是，峡谷的底部是诱惑之虎生活的地方。你听说过关于他巨大力量的谣言。传说很多人冒险进入他的巢穴，却再也没有回来。

你带着渴望凝视着荣耀之城的神奇光辉（在这里，你的梦想将在不用真正努力或遭遇逆境的情况下实现），想着如何穿越峡谷时，你注意到下面有一些动静。诱惑之虎漫不经心地从一个黑暗的洞穴走出来。他一只爪子里拿着一杯灰雁马提尼酒，另一只爪子夹着一根完美加工的卷烟，他的每个臂弯里都靠着一只抽着烟的性感老虎小姐。他的皮毛光滑，保养得很好。他的牙齿就像抛光过的象牙那样白。他穿着红色丝绒夹克，戴着紫色佩斯利·阿斯科特领带。你暗自想了想，觉得他似乎没那么坏。他显然是守法公民！

他抬起头，迎向你的目光，说："下来吧，我们今晚有个小聚会。你应该加入我们——客人越多越好！大量的酒品、烟草、味道浓郁的开胃菜，还有漂亮的女孩。稍后我们还要打扑克牌。哦，其他玩家的水平都很烂，所以不用担心。你很有机会赚一大笔！"

你想到，嗯，我的确很喜欢玩扑克牌。虽然水平不是特别高，但也足够好了。额外的现金肯定会在我余下的旅程中派上用场。而且我真的需要喝一杯——外面的天气热得要命。还有，谁不喜欢虾米锅贴和漂亮的老虎小姐呢？我只是路过休息一会儿，接着就去荣耀之城。

带着一丝惶恐（以及脑海里质疑你判断的小小声音），你找到了一棵很粗的藤蔓，开始摇摇晃晃地沿着悬崖表面攀爬下来。等你来到谷底，诱惑之虎伸出双臂，笑容满面地走过来，给了你一个温暖的拥抱。他毛茸茸的拥抱立刻让你安心下来。你头脑中理性的声音消失了，你对自己的决定充满了自信。去荣耀之城的事可以先等一等。让我们开始这个派对吧！突然间，音乐开始轰隆作响，烟火在黄昏的余晖中猛然绽放。

还记得杰夫的情况吗？第二天早上，你在剧烈的头痛中醒来，你头晕目眩，思维也有些模糊，你没有了钱，身边也没有老虎小姐。哦，而且这里好像没有什么绳梯可以爬到你真正梦想的那一边。你的头痛突然变得更重了。荣耀之城现在似乎变得遥不可及。你开始后悔和焦虑。你失去了一切。意识到你允许诱惑把自己引诱到错误的道路上，你脱离了自己价值观的合理约束。你能恢复过来吗？很有可能。这种情况可以避免吗？毫无疑问。

有时候，诱惑之虎真的会狠狠咬我们一口。以弗拉基米尔·马尔科夫（Vladimir Markov）为例。他是一个误入歧途的自私偷猎者（讽刺的是，他也是一名养蜂人），1997年的冬天，他开枪打伤了一只老虎，然后偷走了老虎的部分猎物，结果遭到了灭顶之灾。

全俄罗斯生物多样性最丰富的地区位于中国和太平洋之间的一块陆地上。在俄罗斯远东，亚北极动物——如北美驯鹿和狼——与老虎以及其他亚热带物种混杂在一起。在人类出现之前，这里几乎是老虎的完美栖息地。

生活在这一地区的老虎通常被称为西伯利亚虎，但更准确地说，它们是东北虎。想象一下，一种生物拥有猫一般的敏捷和食欲，但体重却和工业冰箱一样重。东北虎的体重可以超过200千克，从鼻子到尾巴的长度可以超过3米。这些雄壮的老虎能跳7米远；在垂直方向上，它们可以跳过标准篮球架篮筐所在的高度。这些大猫显然不是好惹的。

然而有一天，有着卑鄙价值观的马尔科夫遇到了一只正在啃食新鲜猎物的老虎。马尔科夫当时满脑子只有贪婪、诱惑和赚一小笔的念头，他对自己说，完美！这是一石二鸟的好机会。杀了老虎，不但可以抢夺它的食物，还能把它卖到黑市去。马尔科夫瞄准了老虎并向它射击，但他只打伤了那只老虎。老虎饿着肚子逃进了树林，它真的很生气。因此，在舔舐伤口的同时，老虎制订了复仇计划：一次老派的海豹突击队式伏击。

几天后，受伤的老虎以一种令人不寒而栗的、有预谋的方式猎杀了马尔科夫。老虎监视着马尔科夫的小屋，系统地摧毁了任何带有马尔科夫气味的东西，然后在前门旁等待马尔科夫回家。他就像那个一只爪子拿着马提尼酒，一只爪子夹着卷烟的诱惑之虎。只不过他并没有穿丝绒夹克，而是把愤怒当作了外衣。当马尔科夫回到小屋时，老虎将卷烟弹到地上，把马提尼酒轻轻放在桌上，然后迅速又猛烈地开始了复仇。他把马尔科夫拖进森林，杀死并吃掉了他。养蜂人剩下的只有从靴子里伸出来的残骨，一件血迹斑斑的衬衫（里面还有一只胳膊），一只断了的手，一个没有脸的头，还有一根被咬过的股骨。

这个故事的寓意是什么？只索求那些你值得获得的东西。不要偷窃，不要偷猎，不要让诱惑引诱你做出糟糕的决定；否则，你也可能像马尔可夫那样，最终变成一堆血淋淋的残骸。

第四章 驯服诱惑之虎

科罗拉多州，王冠峰

2000年5月

咔嚓……咔嚓……咔嚓。我的欧克利（Oakley）登山靴每迈一步都插入刚落下的雪中。太阳刚刚开始从地平线上慢慢升起，但我的裤子和安德玛T恤已经被汗水浸湿了。在科罗拉多州3350米高的稀薄空气中，我的胸部随着每一次呼吸而艰难地起伏着。我的孪生兄弟和大学伙伴紧跟在我后面，我们的背包里装满了攀岩用具、金枪鱼罐头、花生酱饼干和大量的水——每个人都带着两个乐基因（Nalgene）水瓶。晚上会有暴风雪，所以我们需要在下午早些时候到达顶峰，这样我们就不会错过调头返回的机会。我们在一周内已经3次登上这座陡峭的山峰了，这是我们荒谬训练计划的一部分。我和南方卫理公会大学的朋友马特已经在王冠峰附近生活了几个月，每天为海军海豹突击队选拔项目训练10~12个小时。当时我处于我生命中最好的状态——至少在那个时间到来之前。

但是让我们回到更早之前。我从小在得克萨斯州的达拉斯长大，出生于一个中上阶层的家庭，我有双亲、双胞胎兄弟和一只名叫珍妮的黄色拉布拉多犬。我们住在普雷斯顿郡巷的一所白色牧场式的房子里。我兄弟和我都在圣迈克尔上小学，然后在达拉斯圣公会学校上中学。巧合的是，我在BUD/S课程的一位同学那时也在圣公会学校上学，后来他成为我在海豹突击队五队的队友，现在是我亲密的朋友——不过这些事我直到几年后才发现。我父亲是一位成功的商业地产专家，我母亲是一位语言病理医师。她还在业余时间在当地的女青年会做了很多志愿者工作。我们的生活很好，没有真正的逆境可言。

我们上了达拉斯耶稣会学院预备学校的高中。我们最初并不是很想离开圣公会学校，但我们别无选择。这是一次奇妙的经历。高一的时候我加入了游泳队。这支队伍明显需要一个仰泳能力很强的人。我自己更喜欢自由泳而不是仰泳，但我是新来的，猜猜谁会笑迎苦难？是我。我知道，我知道。这些都不算真正的问题，对吧？

不管怎样，我在高中过得很顺利。大约在高二的下半学期，我和小学时最好的朋友重新建立了联系。他上的是一所公立学校，如果我没有上私立学校的话，我也会去那里，那所学校就是希尔克雷斯特高中。不幸的是，诱惑之虎已经开始把爪子伸向这个年轻人的大脑。他开始逃学、喝酒，和其他更"酷"的孩子一起玩。他那时被认为是一个硬汉，一个出色的斗士，一个有女人缘的男人。虽然他是个坏孩子，可我还是想模仿他的一些举动。所以，我们再次混在了一起。从社交角度讲，这是一个完全不同的群体。我在耶稣会学院预备学校的朋友们，如果没有被体育、学习和慈善工作分心的话，他们喜欢喝啤酒，听乡村音乐，偶尔会有一些打斗。毕竟那里是得克萨斯州。这一群人喜欢喝白酒、听说唱音乐和打架。但本质上，到处都是诱惑，我没有做出任何努力来避开诱惑之虎的温暖拥抱。

我的灵魂深处燃烧着一团火。那不是由童年虐待或贫困造成的，它是另外一种东西。我想体验低调生活之外的事物，不论是好的、坏的，还是丑陋的。所以我这么做了。有一天，为了对另一件事进行报复，我向达拉斯最臭名昭著的一个高中恶霸发起了挑战。他比我大两岁，是个橄榄球运动员，他的体型比我大一倍，而且是个彻头彻尾的混蛋。他总是挑别人的毛病，像《回到未来》（*Back to the Future*）中的比夫·塔南（Biff Tannen），而我则是一名游泳运动员，在爵士乐队打鼓。我不太清楚自己为什么这么做。我认为我是想用一种不成熟的、被误导的高中生方式为自己证明一些东西，而且当然，我渴望从即将到来的胜利获得荣耀和尊重。

最后的结果只能说是不太好吧。就像电影里的情节一样，到了预定的时间，我们在一家比萨店后面的垃圾桶旁碰头。人群开始分成两团——支持我的和支持他的。他开着一辆蓝色的福特野马来到那里，下车后让隆隆作响的发动机继续运转。我以为我们会多说些脏话，在真正开打前互相试探对方。我们会互相推搡一会，然后人们会跳进来把我们分开。轻松的一天。我肯定将成为一个英雄般的人物，荣耀和赞美很快就会到来。

但事实并非如此。他径直走了过来，把我打了个屁滚尿流——别人是这样告诉我的。我软弱无力的身体像被击打的爵士鼓一样倒在地上，然后他踢了我的头来终结这场战斗。他可能还在我身上吐了痰，但我不确定。

我在车里恢复了知觉。那位带来坏影响的朋友正开车送我回家。是的，我自己的诱惑之虎。"发生了什么？我赢了吗？"我在血肉模糊中含糊不清地问道。"哈哈，完全没有，你被打了个屁滚尿流，笨蛋！"他笑着说。但他的其他托词让我感觉到，他其实很担心我。我将车上的后视镜向下翻转，然后进入恐慌模式。"我父母会杀了我的！"我呻吟道。

所以，首先我不应该跟他混在一起。后来在经历了一次达拉斯最糟糕的高速飙车后，我父母禁止我与他来往，但那是另一个时候的事了。不管怎样，我的鼻子明显骨折了，双眼周围被打成了有趣的紫黄色。我的下巴非常痛，于是我往手上吐出了一口沙砾。可恶，那不是沙砾，而是我的牙齿。我的模样太糟糕，根本无法瞒过我父母的眼睛。

我走进房子，我妈妈从厨房对面看到了我的脸。"天哪，发生什么事了？"她带着惊慌失措的达拉斯口音问道。"我在放学后踢足球时撞到了墙，"我局促不安地回答。是的，当时我就能想到这个借口。起初她似乎相信了我的谎言，但随后她显然怀疑了起来。当我爸爸回到家看见我时，他也怀疑发生了什么事，但他什么也没说，可能是想让我妈妈不那么伤心。几年后，我已经加入了海豹突击队，在达拉斯的一次节日派对上，我又看到了那个蠢货，但他看起来没那么吓人了。

　　幸运的是，我仍然以优异的成绩从耶稣会高中毕业了，并在1995年8月被南方卫理公会大学录取。大学一年级时，我加入了橄榄球队，然后就喜欢上了这项运动。游泳已经被我抛诸脑后，是时候敲碎一些头骨了！我和一个叫马特的家伙成了好朋友，他来自得克萨斯州的卢伯克——是比我低一年级的兄弟会成员。我们开始一起生活和学习，很快，我了解到他的梦想是成为海豹突击队的一员。当时我对海豹突击队了解不多，只知道他们就像无可阻挡的战神！我读过几本关于海豹突击队在越南行动的书，但仅此而已。在那个时候，我没有真的考虑去军队服役。

　　1999年5月，我大学毕业进入特拉梅尔·克罗（Trammell Crow，美国老牌地产公司）担任财务分析师。马特那时已经是大四学生，他开始为加入海军而刻苦训练。我在晚上和周末和他一起训练，但我并不打算和他一起参加这场荒谬的"航海"之旅（是的，我借用了海绵宝宝的话）。每天晚上我下班回到家中，我都会迅速换一套衣服，把游泳鳍和护目镜放在背包里，然后从市中心的公寓跑大约6.5千米的距离，前往我们大学的游泳馆。马特和我会游大约一个小时，主要是自由泳和战斗侧泳，这是体能测试的首选。接着，我们会在泳池旁做一些俯卧撑、仰卧起坐和引体向上,然后我会再跑6千米回家,做一顿迟来的晚餐,上床睡觉,第二天再来一遍。在周末,我们会绕白石湖跑一两圈——湖的周长大约16千米。

那时我不喜欢长跑,我觉得它糟透了。不过慢慢地,我开始喜欢上这种疼痛,我对内啡肽的兴奋感上瘾了。正如海豹突击队的一位智者所说,你所需要的只是一双鞋、一条短裤和一个呕吐的地方。我们报名参加了达拉斯白石马拉松赛,这是我们俩的第一场比赛。我们的目标是:在3个半小时的时间内跑完42.195千米,一步也不停下。也许对专业的跑步者来说,这并不算什么,但对那时的我来说,却并非如此。我太胖了,因为我故意为打橄榄球而增加了体重。所以,我身高1.86米,体重有100千克,我的身体其实不是为长距离奔跑而打造的。我需要改变自己的思想和身体。

在我们训练的前后,我和马特会对海军特战队的历史、各种任务、思维方式等进行长时间的交流。我们被迷住了。我上班的公司位于市中心一栋高层建筑的42层,但我坐在办公桌旁时,却总是在幻想成为海豹突击队员是什么样子。我和马特开始更努力地训练。我开始阅读更多关于团队合作的书。直到有一天,我达到了某种临界点。感到有人在召唤我为国效力,我需要有目的地承受痛苦。这是为了考验我自己,重新评估我的价值观,并让自己投身于一个更伟大的事业。

第四章　驯服诱惑之虎

第二天，我开始清除生活中阻碍我实现新目标的所有诱惑，我要成为一名海豹突击队员。诱惑之虎必须离开我了。我或多或少地消除了我的社交生活——但这并不是说社交不好。我改变了饮食和日常生活的习惯。我甚至把那些对我生活产生消极干扰的人从身边赶走。我的所有行为和责任机制必须与我的目标完全一致。我的新理念是：排除一切诱惑和干扰——即各种障碍或与目标冲突的事项，保持对整个任务的专注。

大约一个月后，我给公司发了通知，收拾好我的东西，然后与马特一起搬到科罗拉多州的王冠峰，进行高海拔训练。这是一个诱惑之虎永远无法找到我们的地方。我们带来了又长又粗的尼龙绳，把它们挂在柏树上每天攀爬，以锻炼上肢的力量。我们把一棵倒下的树削成了一根2.4米长的圆木，以便在山地跑步时携带它。而且我们还用这根原木进行体能训练，就像BUD/S课程中那样。我们在冰封的湖中游泳，锻炼我们身体承受极端条件的能力。我们每天在山路上跑数千米。我们攀爬高耸的山峰，做了无数的健身操。任何我们能想到的惩罚，我们都做到了，而且我们也没有穿戴最好的那些运动装备。除了远距离爬山的日子外，我们都穿着BUD/S课程中的那种不舒服的战斗服和靴子。几个月后，我们做好了准备。在回家后不久，我们就去了海军新兵训练营。在新兵营里，我们接受了海豹突击队的体能测试——包括跑步、游泳、俯卧撑、引体向上和仰卧起坐。测试从500米游泳开始，一群人在室内游泳池里来回冲刺。一个可怜的孩子差点儿淹死，别人不得不把他从水里拖出来。他一定是来错地方了。那天结束时，只有3个人（参加测试的人大约有100名）坐在办公室里等待来自BUD/S课程的命令，其中包括了我、马特和另一个家伙。为什么？因为我们排除了诱惑，并且像执行激进任务的疯子一样锻炼自己，不给自己留下任何借口。

坚韧不是为了短期收获而进行的努力工作，而是为了终极目标而进行的长期磨砺。

没什么能挡住我们的路，特别是诱惑之虎，但这仅仅只是开始而已。

改善你的心智模式

驯服诱惑之虎

抵制诱惑的能力一向受到哲学家、心理学家、老师、教练和母亲们的称赞。每一个对你的生活方式提出建议的人，肯定都说过它的好处。它可以让你拥有美好的生活、实现职业和个人的满足、适应社会、取得成功、抵抗压力，也是所有孩子在沉默的晚宴上不被母亲冷冷地盯着看的最佳方法。当然，这里假定了我们的自然冲动是一种需要抵制的东西——即有一个邪恶的东西在我们心里（或悬崖底部）引诱我们去撒谎、欺凌、犯错或放纵。

为什么我不能克制自己做某件事？为什么我无法完成另一件事？我们在生活中抵制不住诱惑的原因有很多，但其中一个答案是我们缺乏自制力。没有自制力，你就不能笑迎苦难。这是不是太简单了？考虑到心理学最近的发现和一些古老的哲学思想，不管它简单与否，对许多人来说，自制力就是关键。

在最近出版的《意志力：重新发现人类最强大的力量》（*Willpower: Rediscovering the Greatest Human Strength*）一书中，罗伊·鲍迈斯特（Roy Baumeister）和约翰·蒂尔尼（John Tierney）讨论了一些与自制力美德相关的心理学研究。这本书的开篇宣称，研究表明有两种品质始终是成功实现人生目标的前提条件：智力和自制力。也许我们无法显著地提高我们的智力（对此我持保留意见），但我们可以提高我们的自我控制能力。我们可以通过训练来实现这一点。

这本书会像讨论肌肉记忆一样讨论自制力。我们每个人的意志力都是有限的，它会随着我们的使用而消耗。此外，同样的意志力要应对各式各样的任务。如果我在白天的工作中消耗了大部分的意志力，那么我在晚上的自制力就会降低，对妻子和孩子也会变得不耐烦。这是不利的一面。劳累会导致肌肉的疲劳。然而从长期看，肌肉的耐力和力量可以由于持续地锻炼而增加。自制力和恢复力也是如此。就像我们的舒适区一样，我们的意志力储备也会随着时间的推移而增长。对我们的自制力有益的事情包括了制订明确而现实的目标，监控我们在实现这些目标时的进展，并与他人分享我们的成功和挫折。当我们进行自我控制时，随着时间的推移，我们意志力的持久性和影响力会提高。这是个好消息。

举例来说，培养自制力的一种方法就是有规律地锻炼。在一项纵向研究中，制订了锻炼计划并开始执行的人在两个月的时间里都增强了自制力。不管是与运动相关还是无关的行为，他们都表现出了更好的自我控制能力，并且他们在实验室里进行的自控力任务中也表现出色。他们更少地看电视和吸烟，更少摄入酒精、咖啡因和垃圾食品，更少进行冲动性超支消费，更少拖延该做的事情。此外，他们更多地进行学习，更忠实于履行自己的承诺，根据报告，他们控制情绪的能力也提高了。这项研究的结果表明，我们的意志力储备不是一成不变的，它可以通过几种行为来增加。

> 我们因行使正义而变得公正，因行为节制而变得温和，因无畏行动而变得勇敢。
>
> ——亚里士多德

实践并不能使我们完美，但它能够让我们更好地抵制诱惑，成为我们想要成为和应该成为的人。想变得更加坚韧吗？那就下定决心，采取行动，实践与坚韧品格相关的事情。想得到更好的自制力吗？从小的决定开始，然后从一步一步锻炼自己。

诱惑并不总是意味着被引入歧途去做坏事。在我们生活的现代世界里，充满了实时信息、让人分心的东西和干扰性的优先事项。我们的诸多设备用大量而持续的快讯和通信淹没了我们。科技让我们始终能够保持联系。由于这些进步，我们的需求和期望发生了变化。持续性的干扰使我们需要比以往任何时候都更加自律。

负责任的企业领导者会为企业制订特别的任务计划，其中包含了结构化的里程碑目标和关键绩效指标，对于希望实现特定目标的个人，也应当如此。这种任务计划非常关键，可以让你将注意力集中在长期的愿景和实现目标的道路上。调整计划或改变目标并不是错误的事情——有些时候，它是绝对必要的。

驯服诱惑之虎

（1）清晰地定义你的目标

把它们写下来，内容要具体，并且制订一个时限。

（2）构想胜利

构想你实现了自己的目标，然后通过反推来定义你实现目标的途径。

（3）列出障碍

列出可能阻碍你前进的态度、行为、癖好和人。

（4）移除障碍

这个部分很艰难，但一定要坚持下去。清除所有列出的障碍。

（5）纠正自己

制订一个快速纠正计划，以便在自己偏离路线时纠正自己。

清晰地定义你的目标：在后面的章节中，我们将更详细地讨论目标的制订和规划过程，但现在有必要稍微谈论一下，因为它涉及如何避开诱惑和干扰性的优先事项。如果我们不能把目标制订得简洁、有时限、可衡量，以及切合实际（有一个战略性的计划来支持每个目标），那我们就更容易被分心的事情干扰。当新的事物闪亮登场时，我们会开始追逐与自身目标和价值观无关的"机会"。

构想胜利：精英运动员和教练会这么做。特种部队会这么做。成功的企业家会这么做。伟大的慈善家、奥斯卡获奖演员，随便你想到什么成功人士，他们都会这么做。当我们构想胜利的结果，以及我们如何实现这个结果时，我们的大脑开始反向推理，以确定前进的道路。如果你的目标是跑马拉松，那么想象一下你自己跑完全程，感受抵达终点线时的痛苦、激动和喜悦。想象比赛前的每个训练日。你会怎么做？你会有什么感觉？你会避免什么诱惑？

第四章 驯服诱惑之虎

列出障碍：避开诱惑和干扰的最好方法是列出它们。给它们定一个名字。根据你在这些弱点上的表现，排出它们的名次。有什么样的威胁和障碍挡在你的路上？是什么导致了你过去的失败？如果你倾向于不完成你开始的项目，看看根源分析五步法的五个问题（第47页）。找到根本原因并对它进行分类。

移除障碍：逐步管理你在这些弱点上的倾向性，然后移除这些障碍。如果你陷入了一个没有出路的工作或关系中，那么不要唯唯诺诺，而是直接离开。如果你想在工作中成为一名更好的团队领袖，请抽出时间参加你个人和职业的培训。是的，这意味着你要以其他愉快但浪费时间的追求为代价。移除所有妨碍着你的程序、活动和行为，但千万不要损害他人的福祉。

纠正自己：制订一个快速纠正自己的计划。找一个有责任感的伙伴，一个值得信赖的朋友或同事，与他分享你的目标、挑战和期望的结果。定期与你的责任伙伴进行检查，鼓励他们让你走上正轨，并在必要时坦诚相待。当你的弱点出现时，你生气的对象应该是你自己。就像大卫·戈金斯所说的，"去和你自己战斗"。然后纠正你自己，根据需要修正路线。

诱惑是生活中的一种现实存在。没有它，就没有意志力。生活会定期地考验你。所以要做好准备，在这场考验中取得好成绩！

付诸行动

  想在舒适区之外寻找神奇的机会，我们不但需要专注和坚持，还需要以行动为导向的思维和坚韧的品格。随着我们不断培育自律的精神和思想的韧性，我们将更有能力卷土重来。

  对于我们舒适区之外的生活而言，心理韧性和情商是必需之物，它们为我们提供了抵抗诱惑和实现目标的战斗装备。

本章问题

  面对诱惑的时候，我是会坚持立场，还是任凭诱惑之虎把我拉上歧途？

  在经过深思熟虑后，我从以前未能抵挡诱惑的教训中学到了什么？我要如何运用这些经验教训？

  阻碍我前进的最大的3个诱惑是什么？我能用驯服诱惑之虎的心理模型来冲破那些障碍吗？

  如果我知道某些诱惑正阻碍我过上更充实的生活，为什么我没有改变这些行为？

▼

第二部分
以不适为舒适

唯一轻松的日子是昨天。

——海豹突击队哲学

第五章

没有失败就不算尝试过

> 每一次逆境、每一次失败、每一次心痛都会孕育同样或更大的成功。
>
> ——拿破仑

巴格达郊区的敌方目标

伊拉克

23时43分

我就在那里，陷在齐腰深的粪便里。字面意义上的粪便。在生活中，事情并不总是按计划进行，是吧？让我来解释一下这个糟糕局面的前因后果。这里有31个步骤来说明，"好吧，那真是糟透了！"

第1步：我们的一辆悍马车在前往目标的途中爆胎了。所以我们停了下来，嚼了一些烟草。设置了安全防线，开始换轮胎。

第2步：离目标大约1.6千米远的地方，AC-130空中炮艇将通过无线电为扑向目标的人提供空中支援。

第3步：抵达目标。突击队伍来到了距离目标房屋1000米的地方，并开始步行前进。

第4步：我们发现目标区域内的建筑不是1个，而是3个。我们重新组织起一道散兵线，进入了目标区域，每次只清理一个建筑。

第5步：我们的4人火力小队向一栋小建筑移动，同时我一直紧盯着大门。在我靠近时，我不小心掉进了一个齐腰深的化粪池里。我全身沾满了粪便，但我们的任务只剩下几分钟，情况已经变得非常糟糕了。

第6步：AC-130通过无线电告诉我们，有6个逃亡者（逃离目标的人）正向北移动。他们发射了数发40毫米榴弹来阻止逃亡者的行动。一个小队跳进了一辆悍马车，他们准备冲过去包围逃亡者。AC-130把逃亡者的位置告诉了他们。但那批逃亡者只是2名妇女和4名儿童——她们没有受伤。

第7步：我们完成了对主建筑的搜查，但只找到了一名男性，他不是我们要找的人。

第8步：在敏感地点勘查的过程中，我们遭遇到激烈的抵抗——抵抗者包括奶牛、山羊和羊驼。它们对我们的到来很不开心。

第9步：在一个小农舍的防水布下面，我们找到了大量的SA-7导弹、AK-47步枪、火箭筒和手榴弹。虽然没有抓到坏人，但我们发现了武器库。

第10步：我身上依然沾满了粪便，味道很臭。

第11步：我们把一些武器装在悍马车上，另一些则堆在主建筑里面。我们的重武器处理技术员设置了炸药来销毁这些武器。

第12步：出于人道主义目的，我们把敌人所有的奶牛、山羊和羊驼都赶到建筑远处一端的畜栏里，以免它们被烧死。

第13步：全副武装的海豹突击队员试图驱赶牲口，但过程进展得并不如意。我特别记得有一个家伙，他把步枪背在身后，然后试图用一根拴在山羊脖子上的绳索来把那头暴怒的山羊拖过庭院。这正好对应了那句俗语"山羊绳"指代的情况（goat rope，意指完全混乱的情况）。

第14步：我们领队的破门手——他是个身材魁梧的牛仔——从屋子里走出来，接手了这里的情况，之后我们像专家一样成功地把牲口们赶进了畜栏。那可真是了不起。

第15步：我们从目标区域撤离，蜂拥返回车辆。然后引爆了炸药，在夜幕中升起了一个巨大的火球。

第16步：我们的一部车辆——一辆价值30万美元的梅赛德斯G型，搭乘着我们的合作伙伴和他们的线人——偏离了道路。负责开车的合作伙伴没有多少佩戴夜视仪驾车的经验。

第17步：这辆梅赛德斯汽车受损严重，必须由其他车辆拖带前行。我们把它拴在一辆悍马车的后面，但郊区的农场道路很窄，结果它在另一个坑里翻车了——当时合作伙伴和线人还坐在里面。梅赛德斯汽车侧面朝天地躺在大约1.8米深的坑里，里面的乘员不得不从侧面的窗户里爬出来。

第18步：我身上依然满是粪便，但至少它们开始风干了。

第19步：我们把系在梅赛德斯汽车上的货物卸了下来，然后成功地用一辆悍马车把它翻了过来并拖出了坑洞。

第20步：车队开始向基地撤离。此时太阳已经升起。我们进入了城市区域，路上的交通变得拥堵起来。时间紧迫！

第21步：车队提高了行进的速度（进入城市区域的标准程序），结果那辆梅赛德斯汽车撞到了路缘石，在一座桥的中间冲出了道路。不可思议！它现在卡在一个破碎水泥障碍的中间了。

第22步：车队停下来，我们也下了车，开始嚼烟草，设置防线，以及指挥交通。悍马车携带了梅赛德斯汽车的货物，但拖不动那辆沉重的SUV。

第23步：我指示一辆运货卡车停下帮忙，但司机很不情愿。也许是被我满是臭味的裤子吓跑了，可惜我不确定。

第24步：又过了两个小时，我们指挥着早高峰的交通，并试图把梅赛德斯汽车从桥梁中间拉出来。此时已是第二天的上午十点，气温早就超过了37摄氏度。

第25步：我们最终放弃营救那辆梅赛德斯汽车，我们把无线电和敏感设备拆下来，然后把SUV留在原地。我们将稍后再来处理它。

第26步：我们返回了基地。我脱下自己恶心的裤子，把它扔进了我们焚烧垃圾的坑里，然后穿着四角内裤和防弹衣返回了帐篷里。疲劳感涌了上来。

第27步：我们中的一些人与陆军的兄弟一起带着平板拖车回去拖带那辆梅赛德斯汽车，毕竟那是从合作伙伴那里借来的。

第28步：我们到了桥上，却发现一些很有创意的人已经好心地把梅赛德斯汽车从桥的一侧弄了出来。但唯一的问题是它被完全拆光了！车门没了，轮子没了。引擎也没了。

第29步：返回基地。

第30步：赔了一大笔钱给合作伙伴。

第31步：行动后的检讨，你知道的，简直糟透了。

我的第一次大型舞台演讲是2012年在亚利桑那州凤凰城举行的Inc.500/5000强企业大会①颁奖典礼上，台下共有600多名观众。这次特别的演讲是公司"老兵企业家"（vetrepreneur）庆祝活动的一部分，该活动旨在表彰和支持成为企业家的退伍老兵们。哦，我和世界著名的演说家兼作家西蒙·斯涅克（Simon Sinek）同台演讲。我到那里才知道，但我完全没有压力。不过，我走上舞台时还是很紧张，尽管我完成了自己的演讲。人们开始鼓掌，

---

① 美国 Inc.500/5000 强企业大会是美国 Inc. 杂志主办的大会，旨在评选出全美发展速度最快的 500/5000 强企业。——编者注

这没什么大不了的。轻松的一天。我唯一优先考虑的事情是与正在转型或开始创业的老兵们建立联系。大约一周后，我打电话给活动主持人兼Inc.杂志主编埃里克·舒伦伯格（Eric Schurenberg）以简单说明情况。作为渴望获得反馈的前海豹突击队员，我问他有什么看法。诚然，我当时正在"请求"能在Inc.杂志未来的活动中发表更多的演讲——这可能是提高我公司品牌知名度和我的思维领导力的好方法。在一阵尴尬的沉默后，他说："嗯，布伦特，演讲不是很好。应该是没有润色，你似乎没有准备好。这样的演讲很常见。"

嘣！这就像一头驴踢在了我的脸上。演讲本来是我能从中找到激情的东西，但明显我做得还不够好。我对失败的痛恨远远大过对胜利的喜悦，而当时我的感觉就是我输了。我在想，但—但—但—但是所有人都鼓掌了，我记得甚至有一些人站了起来！不过也许他们是去洗手间。我不知道。但为什么这个家伙知道？惊讶、愤怒、失望……但最终，我选择了接受、领悟和激励自己。我发誓再也不会让自己毫无准备地去做某件事情。我之前没有意识到这一点，但在经历了海豹突击队训练、战斗、研究生学院以及如今商业和创业战场上的严酷考验后，我已经培养出了一种成长的心态。现在，我平均每年在全世界演讲50次，并且在每次演讲前认真地进行非常具体的准备。埃里克给我的反馈起初是痛苦的，但它成为我前进动力的源泉。这是一种觉醒。正如丘吉尔说过的："成功不是终点，失败也不致命，最重要的是有继续下去的勇气。"

当海豹突击队的教官告诉我们应该退出时也是这样。训练只会越来越严酷——你为什么要让自己经历这些？因此，有些人真的会因为教官的话而退出。他们在那时忘记了痛苦只是暂时的，而放弃的耻辱将永远纠缠你。另一些人则认为，他们的胸膛里有坚持下去所必需的火焰，刚好足够他们笑迎苦难！

就算是世界上最成功的那些人，他们在登上人生顶峰前都经历过重大的失败。我们喜欢祝贺别人的成功，不管是出于敬佩还是嫉妒，但我们却往往忽略了他们取得成功的方法。这是一条充满障碍和失败的漫长道路。他们能够实现辉煌成就的原因不仅来自能力，也来自干劲和决心。他们的坚持和信心为战胜失败提供了弹药。

正如爱迪生曾经说过的："我没有失败。我只是找到了一万种方法，证明有些东西行不通。"但让我们面对现实吧。失败很糟糕。没有人愿意失败，也没有人会告诉自己："哎呀，我已经等不及要在这个项目上摔一个大跟头，好让自己学到一些宝贵的教训。"不，我们不会为了建立一些情绪和心理上的韧性就让自己丢掉梦寐以求的工作。我们不会说："嘿，我真希望来一场全球性的疫情，这样我就可以学会如何申请政府补贴或失业救助金了。"只有在惊讶、沮丧、失望和愤怒等情绪逐渐消失，我们的心灵慢慢开悟时，我们才能学到教训。当然，前提是我们选择这样去做，我们必须坚定运用学到的经验教训，发誓努力工作，并随着时间而不断改进。

现实的例子不胜枚举。奥普拉·温弗瑞（Oprah Winfrey）是北美洲第一位黑人亿万富翁，她是世界知名的媒体大亨，也是美国历史上最伟大的慈善家之一，但她在巴尔的摩的第一份电视主播工作却以解雇收场，因为她对某些故事过于热情。杰瑞·森菲尔德（Jerry Seinfeld）在职业生涯早期曾多次被观众哄下台，他的密友和家人劝他更认真地对待生活，换一个真正的职业。但现在大家都知道，杰瑞成了有史以来最著名的喜剧演员之一。你能想象没有迪士尼的童年吗？如果华特·迪士尼（Walt Disney）当年听了他报社编辑的话，那你的想象就会变成现实了，那位编辑说华特"缺乏想象力，没有好点子"，但老迪士尼毫不气馁，最终他创造了一个以他的名字命名的文化帝国。大卫·戈金斯从小就和肥胖、抑郁症、学习障碍和虐待做斗争。现在他是一名退休的海豹突击队员，并且被誉为世界上最优秀的极限运动员之一。所有这些人都是成长型思维的完美例子。

他们说没有什么比失败更能孕育成功。的确，大多数人最终都承认失败是现实生活的一部分，甚至是成长的必要条件，但我们仍然厌恶失败。为什么呢？当我们理智地承认失败可以转化为机遇时，为何我们会如此害怕它？在我们针对领导者和企业高管开办的领导力和组织发展课程中，有一个名为史蒂文·科尔（Steven Kerr）简单绩效公式的模型。科尔在担任高盛集团总经理和首席学习官6年后，成了高盛集团的高级顾问。在加入高盛集团之前，他曾在通用电气集团的首席学习官和企业领导力发展副总裁的岗位上工作了7年，他那时与杰克·韦尔奇（Jack Welch）密切合作，并领导着通用电气集团著名的领导力教育中心。后来他与杰克·韦尔奇共同创立了杰克·韦尔奇管理学院。他的公式如下：

能力×积极性＝绩效

　　显而易见的是，你可以将能力和积极性分解为许多因素，但总的来说，这个公式就是这样。我们使用这个模型来帮助领导者们更好地理解如何指导团队中的成员。例如，如果你在员工报告中发现某人在某个职位上有着很高的能力和积极性，然后你将这个人提拔到一个新的职位上，那么情况可能会很快发生变化。在新的职位上，他们可能要应对他们从未面对过的挑战，因此他们的能力会相对降低。有时，不管能力和专业知识如何，人们就是会丧失积极性，积极性的减弱同时也会影响绩效。你应该能理解。

　　为什么这个公式使用了乘法，而不是加法呢？这里我先让你自己思考一下答案。

好了，时间到。因为如果其中一个因子为零，那么绩效就等于零，也就意味着失败。大多数参加BUD/S课程的学员都表现出很高的能力和积极性，直到他们置身于从未遇见过的环境，并且在身体和精神上陷入他们生命中最困难的处境。所以这个训练项目有着非常公平的竞争环境。当然，一些学员跑起步来像明星运动员一样，游泳水平像海豚一样。他们的高能力和高积极性在特定的环境中产生了高绩效。但在其他方面进行测试时，情况往往并非如此。同时，其他人似乎完全厌恶痛苦和压力，他们在考验专注度和技术能力的各种"合格或失败"的训练中陷入挣扎。

BUD/S课程的每个阶段都有不少"合格或失败"的训练。大多数情况下，学员们只有一到两次机会。如果结果是失败，他们将收拾行囊——"灰溜溜地离开"——打道回府。第一个训练是50米水下游泳。学员们来到海军特战中心对面的海军两栖基地，在奥运会标准大小的游泳池旁列队。他们需要用脚跳起跳入水，在水下做一些翻滚（这会让你从肺里吹出太多宝贵的空气），然后在不接触墙壁的情况下，前后游50米。有时，一些学员会为了呼吸空气而让头部过早地冲出水面，或者在到达池壁前晕倒。这些都意味着失败！他们的毁灭将接踵而至。

另一个很美妙的训练项目是水中求生。学员们的手臂将被绑在背后，脚踝也被拴在一起。然后，他必须进行一系列的活动，例如绕着泳池游数百米，在深水区上下摆动，或者潜到5米深的泳池底部，用牙齿捡起游泳面罩。这个训练会持续很长时间。如果你在水里不是很舒服，或者没有足够的积极性去发掘自身的坚韧品性，那你很快就会失败。

　　某些学员毕生都梦想着这些时刻，但他们的梦想在几分钟内就破灭了，而且也不会有什么参与奖授予他们。有些人可能在数月或数年后继续尝试并取得成功，有些人则再也没有回来。

但每个人都能得到一个奖杯，对吗？

　　我们3个孩子中最小的2个（一个6岁的女儿和一个4岁的儿子）去年开始踢足球。我只能说他们的水平和表现本可以更好。我知道，他们还小，而我则像个坏父亲，但在这我想说明一个道理。在本赛季最后一场比赛结束后，我儿子莱德的主教练举行了一场小型的颁奖仪式。他每次只颁发一个奖杯，同时会对获奖球员说一段关于他的简短小故事。很快，就轮到莱德了。

　　"好了，下一个是谁呢？你们能告诉我下一个获得奖杯的人是谁吗？给你们一点提示吧……他在比赛期间会吃着炸鸡肉条并且漫无目的地闲逛。"教练用普通人对4岁孩子说话时的那种语气问道。有一场比赛，当他在场上时，他没有战斗，而是一边吃着巨大的鸡肉条一边游荡。这十分可笑，我内心深处的海豹精神渴望着他有更高层次的责任感和赛场表现。

莱德队伍中的3个孩子立即举手说："莱德，是莱德！"莱德骄傲地站起来，接受了他应得的奖杯。这是他的第一枚荣誉勋章，象征着他在赛场内外数周的努力、奉献和自律！他非常激动，对自己也非常满意；在回家的整个车程中，他一直用尖细的声音高兴地喊着："我的第一个奖杯！你能相信吗？！"回到家，我把奖杯拿走，告诉他："在这座房子里，我们不奖励平庸。"他立刻哭了起来。

当然，我只是在开玩笑。我再次向他表示祝贺，然后帮他在房间的架子上找了一个显眼的地方摆放他的奖杯。接着烹饪了一些鸡肉条。

我们应该从什么时候开始教我们的孩子去笑着迎接苦难？还有失败？什么时候算是太早？什么时候算是太晚？

关于失败的科学

加利福尼亚大学伯克利分校的马丁·科温顿（Martin Covington）教授说过，害怕失败与我们的自我价值感有着直接的关系。他对于学生的研究曾发表在《学校激励手册》（*Handbook of Motivation at School*）上指出，我们保持自我价值认同的方法之一是相信自己有能力，并说服他人相信我们有能力。因此，实现目标的能力对于保持自我价值认同至关重要。未能实现关键的目标基本上意味着我们没有能力，也就是说我们没有价值。

第五章　没有失败就不算尝试过

　　科温顿教授发现，如果一个人不相信自己有能力成功（或者如果屡次失败削弱了这种信念），那么他们就会采取其他措施来保持自我价值认同。通常，这些措施以借口或防御机制的形式展现出来。他们将回归或停留在一种固定的心态中，这种心态会降低积极性，并进而降低实现目标的能力。

　　在谈到如何应对失败时，科温顿教授将学生分为4类：

　　以成功为导向的学生：这些人通常是终身学习者，他们将失败视为一种提升自己的方式，而不是自我价值低劣的证明。

　　过度奋斗的学生：科文顿教授称这类学生为"内敛的成功者"。他们非常害怕失败，所以会不惜代价地避免失败，就算那意味着他们的努力超出了合理预期。

　　逃避失败的学生：这类学生并不期望成功。但同时他们也害怕失败，所以他们尽量少做，或者尝试妥协。在BUD/S课程中，类似学员被教官们称为"灰人"。他们的策略永远不会起作用。

　　接受失败的学生：这类学生基本上已经接受了失败，并把失败视为他们的现实处境。他们很难被激励起来。科温顿教授解释说："将我们的自我价值划分为学术成就、外表或受欢迎程度等类别，使我们无法仅仅从我们是人类这一事实来评价自己，也无法接受失败是人类经验的一部分。"

改善你的心智模式

如何反败为胜

失败通常是一种令人失落和沮丧的经历。它可以改变你的认知，让你相信一些根本不真实的事情。除非你学会以心理适应的方式应对失败，不然它就会使你瘫痪，降低你的积极性，并限制你成功前进的可能性。

笑迎苦难的模型中有8种失败的现实，你们必须理解它们，才能让自己以不适为舒适。

现实1：同样的目标在失败后似乎更难实现。 在特战狙击手学校的一项研究中，教官让学员在没有标记的范围内从同一距离向目标开火。然后，他们让学生估计到目标的距离。得分较低（目标命中率低于其他人）的学员判断的距离比得分最高的学生要远得多。如果你放任失败，它就会扭曲你的感知。好消息是有办法避免这种情况。

现实2：失败会改变你对自己能力的看法。 失败不仅会扭曲你对目标的看法，也会改变你对自身能力的预期。我见过一些退出了BUD/S课程或在选拔过程中失败的学员，他们陷入了深深的抑郁之中，有时甚至会自杀，而另一些人在几年后回来进行第二次或第三次尝试，最终成功。失败会使我们怀疑自己的技能、智慧、愿望和能力。简单地承认这一点是自我纠正的第一步。

现实3：**失败会让你感到无助。**心理学家认为，这是一种心理防御机制。当我们失败时，大脑发出的信号使我们暂时感到无助。可以说这是一种情感创伤，就像一个蹒跚学步的孩子触摸到一个热炉子时，大脑会说："哇，伙计，别再做那种事了。"失败也是如此。当我们确信自己无能为力时，我们就可以成功避免未来的失败。但实际上这就是你失败的原因——你听从了那种声音，从而剥夺了自己未来的成功。

现实4：**失败的经历可能会激发对失败的恐惧。**人们也可能倾向于避免成功，就像他们试图避免失败一样，但这两者通常会联袂出现。成功很少会在没有失败的情况下到来，这让人生旅途变得非常不舒服。因此，人们不再致力于提高自己的能力、技能或在某件事情上取得成功的手段，而是回到自己温馨的小舒适区里。

现实5：**对失败的恐惧常常导致无意识的自我破坏。**就像一个大学生，他决定在一次重要的工作面试前喝酒喝到凌晨两点，因为他"知道"自己会失败。又或者是一个年轻的孩子，她没有像同龄人那样自然而然地学会一项运动，所以她告诉父母她讨厌这项运动，她想退出。这些行为都可能变成自我实现的预言，并增加未来失败的可能性。但是，生活中最出色的成就往往存在于恐惧的另一面。

现实6：**成功的压力增加了焦虑感，从而导致压抑。**在即将赢得游戏的关键时刻失误，苦学几周后的大脑却在测试中一片空白，在重要演讲中忘记最关键的论点。通常来说，这些情况都只是过度思考的结果，所以适当的准备是成功的基石，也是克服焦虑的最有力的工具。

现实7：意志力就像一块肌肉，需要训练和休息。正如我们之前讨论的，精神意志力会出现过度劳累和营养不良的状况，就像肌肉会变得疲劳一样。长时间的战斗会使士兵产生战斗疲劳，这会导致思维模糊、情绪失控、困惑和抑郁，并且决策能力也将受到抑制。因此，当你感到意志力衰退时，一定要休息，一旦你的意志力得到了滋养，你就可以重新审视你的积极性。不过千万不要休息太久！

现实8：对失败最健康的心理反应是关注你能控制的东西。这种能力是建立坚韧品格的基础。失败可能导致我们把注意力全部集中在造成当前困境的原因上。我们会回顾过去，而不是展望未来。我们把重点放在了我们无法控制的因素上，而不是利用我们能控制的因素来制订行动计划。

马克·欧文（Mark Owen）是我最亲密的朋友之一，我们曾是队友，他还是新南威尔士州特遣部队的队长，同时也是《纽约时报》头号畅销书《艰难一日》（*No Easy Day*）的作者，他给我讲了一个关于第8种现实的训练故事。几年前，他所在中队的一些人参加了拉斯维加斯郊外的一个先锋攀岩课程。在这种类型的攀岩中，领队的攀岩者必须爬上路线的各个部分，以便放置"保护装置"来防止攀登者坠落。当然，这意味着，如果你爬到最后一块保护装置上方4.5米的地方并摔倒，你将在剧烈抖动的绳子拉住你之前跌落9米多的距离，这很糟糕。

马克爬到大约24米高时停住了，此时他比最后一块保护物高出大约6米。他觉得自己脚下的立足点不够结实，但也找不到下一个踏脚点。几秒钟后，下面的队友注意到他的异常，开始嘲笑马克。攀岩教练是一位身材瘦小、穿着运动短裤和登山鞋的人，他觉得可以利用这个情况来教育其他队员，于是他点燃了一支香烟，开始在没系保护绳的情况下攀岩。没过多久，他就到了依然停在原地的马克旁边。"怎么了，兄弟？"教练问道。

马克低头看着仍在取笑他的队友，然后向拉斯维加斯的天际线望去。"你为什么低头看着那些家伙？他们帮不了你，拉斯维加斯也帮不了你。关注你自己的世界。就在这儿。专注于你能直接控制的东西。忽略其他一切。"教练说。

专注于我们所能控制的东西，忽视其他一切（或至少降低优先度）是成长型思维的核心原则，并且同样适用于实现目标，以及克服个人和职业生活中的障碍。

在我选择退役，离开战场后，我立即开始了研究生的学习生涯。这是我军事转型战略的一部分，旨在重新训练我的大脑，使之匹配商业的需求。当时，我甚至没有考虑过创业这条道路。后来，在学习的过程中，我们的金融教授给我们分配了小组项目，就是那种两个人承担所有工作，另外3个人喝啤酒的项目。是的，当我们中的一些人喝啤酒时，我们突然顿悟了！一个有着巨大潜力的空白市场蹦到了我们的脑海中，就像所有企业家的绝妙想法一样，对吧？长话短说，这个项目成为我第一家公司所开展的商业计划的基础，一个住所搜索引擎。我们将成为35岁就功成身退的企业家。我们将掌握自己命运！那些不那么勇敢的舒适区流浪者会羡慕我们，他们将在平庸工作中苦苦挣扎，同时看着我们登上人生巅峰。我们光荣和辉煌的成功故事将永远流传！

毕业后，我们开始了筹资之路，希望能吸引到天使投资者和风险投资公司。毕竟我是一名奋力拼搏的海军海豹突击队员。谁会不愿意投资我？在这一点上，我希望你能理解我的讽刺。我们很快意识到，整个创业过程非常艰难，而且风险很高。我们遇到的糟糕情况比预期的多得多。简言之，初创企业的失败率与海豹突击队培训候选人的失败率相同，至少不会更低。但正所谓没有失败就不算尝试过！

最终，我们筹集了数百万美元，这项生意和其他后续业务都取得了成功。但这条道路并非一帆风顺，它充满了各种磨人的挫折、惨痛的失误和苦涩的泪水。那是我的眼泪。经济衰退也增加了我们的困难。尽管我的经济学教授多次警告过我，我还是没想到会发生这种事。这是一个不同的战场，我在嗅出不可避免的伏击方面缺乏训练。通过克服一个又一个的障碍，我学会了把注意力集中在我能控制的事情上，而不去担心那些我不能控制的事情。我学会了把目光投在自己的小世界里。

通过评估风险来减少失败

那么，要如何判断我们究竟是在盲目地冒险，还是在可控的风险下行动呢？很简单，那就是我们疯狂的决定有没有变成积极的结果！我辞去了赚钱的工作，加入了海军，参加了一个在美国军队中淘汰率最高的项目。当然，接下来是"9·11"事件和随之而来的风险。知道我在情报非常有限的情况下执行过多少次战斗任务吗？好几次！此后，我开始创业，我没有钱，没有收入，甚至连公寓的租金都付不起。几年后，我在哥斯达黎加的一场婚礼上遇到了一位让我神魂颠倒的女孩，她后来成了我的妻子。那场婚礼后的第4个星期我们就文了情侣文身。几个月后，我们正式结婚。现在我们依然相爱如初！

所以在回顾过去时，我们可以给风险决策贴上标签，比如"我们只知道我们注定要在一起"或者"失败不是一种选择"之类。但是，如果有一个可以遵循的模型，那在不可预见的事件发生时，我们就可以更好地权衡潜在结果和不可避免的问题。这不是很好吗？当然如此。

在此，我们可以先熟悉一部分目标设定和战略规划框架的内容，更多的部分我们将在后文深入讨论，这些设定和框架的目的是应对风险和减少失败。

确定目标。例如与刚认识的女孩结婚；用有限的信息摧毁一个恐怖分子据点；下定决心让不识抬举的老板走开；或者从一架完美的飞机上跳伞。让你的目标尽可能的简洁、可估量、可实现，并且有时限。

列出威胁和危害。如果我不了解这个女孩，那结局可能会很糟；目标内的恐怖分子人数不详；当我让老板滚开时，他可能会解雇我；降落伞可能打不开。在权衡你的选择时，你会用到这个列表。

确定成功实现目标所需的资源。我需要买个戒指求婚，可恶，这需要钱，也许还应该征得她爸爸的同意；需要空中炮艇提供火力支援；需要尽快准备移交工作；需要妥善包装的降落伞和一些跳伞课程。

确定行动或不行动的标准。利用已有的信息做出是否继续执行目标的最佳决策。风险是否已经超过了投入的资源和回报的奖励？对别人的建议要小心对待。确保你的消息来源是可信的，并且尽可能不带偏见。但根据我的经验，当你心甘情愿地投入某种未知的风险时，每个人都会告诉你不要继续。有时候你得无视别人的话，凭自己的直觉去做。务必记住之前提到的三要素！

反复总结并自我汇报。在未来的某个时候，假设你决定继续前进，那么总结执行的情况和当前结果是非常重要的。哪些事情进展顺利？哪些没有？发生了什么意外事件，我有没有应急的准备？我应该做出什么回应？下次我要如何更好地执行计划？把你的发现记录下来，并在下一次向前冲锋时参考它们。

付诸行动

在舒适区之外寻找神奇的机会将难免遇到一些小挫折（有时甚至是大挫折），但失败可能是人生最伟大的礼物之一。有谁不喜欢不时到来的好礼物呢？不过记得评估风险和潜在的回报。

问问自己，如果你没有突破舒适区的边界，你会有多后悔。

本章问题

在面对失败和挫折时，我该如何应对？

如果从另一个角度看待失败，我能得到什么？

失败究竟是让我的目标更遥远，还是像爱迪生那样，只是证明了一些事情行不通？

我多久评估一次现状并承担评估后风险？

如果我意识到自己从来没有真正离开过舒适区，那在生命的尽头我会有什么感觉？

第六章

每天拥抱一点苦难

> 每天拥抱一点苦难。
>
> ——大卫·戈金斯（David Goggins）

"每天拥抱一点苦难。"这句话听起来很奇怪。大卫·戈金斯这句关于掌握自身思想的哲言其实很简单：每天都把你舒适区的边界向外推动一点，不管在身体上还是精神上都要如此。因为身体和精神上的坚韧都需要训练——它们是很容易消退的品质。我们的舒适区被可移动的屏障包围着。当我们采取果断行动来克服这些屏障时，我们的舒适区便开始充斥着我们过去认为无法克服的挑战、难题和恐惧。它们成了我们日常生活的一部分。无论是工作中的障碍、无人打理的人际关系、未完成的目标，还是害怕面对的恐惧，你投入的越多，得到的回报就越高。然后你转移目标，再来一次。

正如在前言中所提到的，大卫和我于2000年秋天在BUD/S课程中相遇。我们都被分配到235班。他是一个令人生畏的家伙，很少微笑。好吧，也许他永远不会笑。由于受伤，他已经经历了两次地狱周，难怪他不会笑。我听大卫无数次地说过："生活糟透了。克服它。"他的经历记录在他的畅销书《我，刀枪不入》中。

在长大之后，出于献身于更伟大事业的理想，大卫申请加入美国空军伞兵救援队。他连续两次未能通过军队职业倾向测验，第三次才取得成功，然后他开始了伞兵救援训练。随后，他成为美国空军战术空管组的成员，该支队伍也被称为TACP。他在战术空管组服役了一段时间，随后离开美国空军，回归平民生活。他最终找到了一份灭虫的工作，他的体重暴增，并且精神也陷入了深深的沮丧之中。过去的恶魔又回来纠缠他，把他拉往更黑暗的深渊。

一天，大卫在照镜子时对自己说，他拒绝再那样生活了。他不会成为自己肮脏过去的奴隶。他仍然热衷于服兵役，所以他决定继续努力，他去了当地的海军征兵办公室。向他们表示自己计划参加海豹突击队的选拔项目。当时，大卫身高1.86米，体重134千克。招聘人员劝他不要尝试，他们告诉他至少需要减掉36千克的体重。因此，大卫返回了家中。两个月后，他再度来到征兵办公室，他的体重减少了许多，身体状况也很好。虽然他仍然需要再减掉一些体重，但他认为BUD/S课程会处理好这个问题的。

2001年，大卫成功和我从同一个班级毕业（在经历了第三次地狱周之后），我们都被分配到海豹突击队五队。但这还不够。没有足够的牺牲，没有足够有目的的痛苦。在他的第二个服役周期中，他加入了陆军游骑兵学校，并以最高荣誉士兵的荣誉毕业。游骑兵学校有着自己的一套独特挑战，并没有人命令大卫这样做，但他自己要求接受挑战。

在2005年的红翼行动中，我们的许多兄弟在阿富汗献出了他们的生命。此后大卫开始练习长跑，为特种部队勇士基金会筹款。这个基金会为阵亡的特种部队战士的孩子提供大学奖学金和助学金。你知道我说的长跑有多长吗？160千米甚至更长。

有一天，大卫坐下来，并在互联网上搜索"世界上最难的超级马拉松"。是的，这就是他的思维方式。为什么要以不起眼的小事开头？他发现了"恶水135"（Badwater 135）超级马拉松，这是人类目前最具挑战性的比赛之一。他试图以募捐者的身份参加，但组织者告诉大卫，他需要先参加另一场超级马拉松比赛，并在相应的时间内跑完全程，因为"恶水135"是一项仅限邀请参加的比赛。

两天后，在没有进行任何训练的情况下，大卫报名参加了圣迭戈一日赛（San Diego One Day），这是一个从米申湾出发的持续24小时的超级马拉松。大卫之前从未跑过42.193千米的全程马拉松，但他能在19小时6分钟内跑162.5千米。

不久之后，大卫完成了他的第一次马拉松（在拉斯维加斯），这使他有资格参加波士顿马拉松比赛。在这两场比赛之后，由于还没有被邀请参加"恶水135"，他参加了HURT100比赛，这是夏威夷的一项超级马拉松比赛，被公认为是世界上最难的超级马拉松之一。他是第9个跨过终点线的选手，这场比赛只有23名选手跑完了全程。不过大卫对自己没赢很生气。随后，他获准参加2006年的"恶水135"超级马拉松比赛。他在比赛中取得了第5名，对于超级马拉松新手来说，这是前所未有的成绩。当然，我们在海豹突击队有过许多跑步训练，但都没有100千米那么远。那是直升机和悍马车负责的距离！

如你所见，大卫被一团燃烧在他灵魂深处的火焰所驱使。这股火焰很大程度上是以苦难做燃料，我们每个人心中都有那种火焰。虽然不是每个人的幸福都可以从极端的困境或苦难中获得，但我们要么选择利用它来提升自己，要么忽视它，而大卫继续每天拥抱一些苦难。我写这篇文章的时候，他正在完成为期5天的Moab 240超级越野赛。"我需要重新证明自己是一个强大的人。"他在接受采访时如此说道。这就是成长型思维的完美缩影。

我们不是每天都要跑马拉松才能成为一个强大的人。这取决于我们认为成为一个坚强的人意味着什么。

你是否知道另一位世界级的跑步运动员？他经历过远超你我想象的逆境和痛苦。这里要向你们介绍的就是路易斯·赞佩里尼（Louis Zamperini）。他人生中最大的障碍是自己的死亡——你马上就会明白我的意思了。他坚强不屈的故事被劳拉·希伦

第六章　　每天拥抱一点苦难

布兰德（Laura Hillenbrand）记录在《纽约时报》（*The New York Times*）的畅销书《坚不可摧：一个关于生存、抗争和救赎的二战故事》（*Unbroken: A World War II Story of Survival, Resilience, and Redemption*）之中。在第二次世界大战期间，路易斯的全部精力都放在了生存上，但他所面临的困难仍在继续。他于1941年加入空军，作为B-24"解放者"轰炸机的机师驻扎在太平洋战区。当时，飞行人员面临的危险只有一半是空中战斗带来的。由于培训不足和大量的技术问题，5万多名飞行员死在与战斗无关的事故之中。那天，路易斯和他的机组正驾驶飞机对早些时候坠毁的另一架飞机进行搜索和救援，但不幸的是他们也坠入了大海，这种情况并不罕见。

　　然而，不寻常的是，路易斯并没有因坠机而死去，并且在随后的47天里靠着一个木筏活了下来。饥饿、鲨鱼、被敌机扫射、极度干渴、幻觉、死亡。劳拉·希伦布兰德在2010年接受美国国家公共广播电台（NPR）采访时说："靠着救生筏获救的概率极小，救生筏上的装备非常差。"路易斯和他的机组成员在海上生存的时间比任何其他已知的幸存者都长，他们喝雨水，吃他们设法钓到的鱼。他们经常遭到日本战斗机的袭击，迫使他们深入鲨鱼出没的水域。

　　但他的生存斗争才刚刚开始。信不信由你，他面对的情况很快就会变得越来越糟。大量的苦难在等待着他。路易斯在太平洋上漂流了一个半月，他的身体消瘦虚弱，随后他被日军俘虏，并被送到了一个残酷的战俘营里，在那里他遭到了殴打，在挨饿的情况下没日没夜地做苦力。

不幸的是，路易斯碰巧还是一位世界知名的奥运选手。谁能想到这会给他带来麻烦呢？但事实确实如此。他参加了1936年的奥运会，是世界上跑得最快的长跑运动员之一。渡边睦弘（Mutsuhiro Watanabe）是战俘营的一名守卫，他喜欢虐待他人，而且嫉妒优秀的战俘，因此他被战俘们戏称为"鸟人"——他特别挑出路易斯来进行极度残忍的处置。这家伙是个彻头彻尾的混蛋，他对路易斯产生了一种奇怪的憎恨。

根据劳拉的畅销书改编的电影《坚不可摧》（*Unbroken*）将这些事情搬上了银幕。令人惊讶的是，路易斯在战俘营里活了两年，直到战争结束才被释放。他是最坚强的人，从未崩溃过。最终回到家里后，路易斯自由了，他不再每天生活在酷刑和死亡的威胁之下。但现在，他面临着一个意想不到的新障碍，过去两年受到的创伤和残酷虐待给他留下了无法逃避的记忆。劳拉说："回到家时，路易斯是一个非常阴郁的人，过去的经历纠缠着他。"虽然身体的需求最终得到满足，残酷的战争也已结束，但路易斯不得不继续面对那些别人看不见的伤疤。

每天晚上，他都会从可怕的噩梦中惊叫着惊醒，在梦里，那个残忍的守卫试图粉碎他的意志，并且差点杀死了他。他的思想会回到那些恐怖的时刻，他会在脑海中重温被殴打的经历。受困于过去的创伤——现在这种症状被诊断为创伤后应激障碍（PTSD）——是他没有预料到的绊脚石。他开始酗酒，很快他的婚姻也受到了影响（他在回家后不久与辛西娅·阿普怀特结婚）。

幸运的是，正如他在战争中克服了困难一样，路易斯找到了克服这个新绊脚石的方法。他战胜了创伤后应激障碍，并继续生活了近70年，他从过去的恐怖中解脱出来，取得了许多成果，过上了幸福美满的生活。

当然，这不是他选择的痛苦。然而，他选择了如何去应对。那么，他的坚韧品格来自何方？1919年，路易斯的家人搬到加利福尼亚州的托伦斯，路易斯在那里上了托伦斯高中。路易斯和他的家人搬到加利福尼亚时并不会说英语，因为他是意大利人，所以他成了被欺负的目标。他经常打架。他的父亲教他练拳击，所以他很快就对打架产生了兴趣。路易斯的哥哥是高中的田径明星，他说服路易斯加入田径队，试图把他从堕落的漩涡中解救出来。路易斯很快发现了跑步的激情，并将内心的愤怒（火焰）转化为积极的动力。

他培养出来的坚韧品格最终拯救了他的生命。

改善你的心智模式

为迎接苦难而练习

如果你知道如何利用压力和焦虑，它们就能变成很好的工具。当前，前提是你打算使用它们。由于媒体和医学界都在关注压力的负面影响，因此人们很容易得出结论：压力是不可挽救的坏事，必须不惜一切代价去避免。这适用于身体和精神上的压力和焦虑。

但我的看法与此不同，许多精通这个领域的心理学家也是如此。追求无压力的生活往往会给未来带来更大的压力；生活的问题是复杂的。当我们不敢面对人生中最大的挑战时，我们就永远无法克服它们。这同样适用于舒适区边界的扩张——我们选择去追求痛苦和挑战。如果大卫没有加入空军，他可能永远不会成为海豹突击队员。如果他没有成为海豹突击队员，他肯定不会疯狂地参加痛苦的超级马拉松（这不是为所有人准备的）。他不会体验到为了更有意义的事情而受苦的喜悦——包括支持我们的战士和激励全世界的人们。在他平庸的舒适区里，他会安全、抑郁，并且肥胖。

想想你在经历重大的个人和职业成长的时候，或者你在某方面取得最高水平表现的时候。比如完成一场比赛，建立一个企业或拯救一个陷入挣扎的公司，被理想中的学校录取，找到梦寐以求的工作，或是抚养一个孩子。是什么促使你在这些经历中获得了成长、进步和提升？我敢肯定，那些日子总是伴随着一些压力、痛苦和挣扎。

行为心理学家艾莉亚·克鲁姆（Alia Crum）和托马斯·克鲁姆（Thomas Crum）在对企业高管、海豹突击队员、学生和专业运动员进行研究后，开发出了一个三步骤模型，用于应对压力并利用它产生创造力，同时将压力有害影响降到最低。

这个模型很简单，具体内容如下：

第一步：认识它。

我们通常只会对我们关心的事情感到压力，这表明我们在意这些事。如果我们对压力进行分类，那应对压力的方法就会变得更加明显。例如，在我感到压力巨大或十分焦虑的日子里，我问我的妻子，为什么我的压力会这么大？我这么问的目的不一定是要她回答这个问题，虽然她总是能给出正确的答案。对我来说，这是一种分解可能的根本原因并确定它们的方法。通常情况下，这不是我最初的想法，也与实际占据我脑海的想法完全无关。

加州大学洛杉矶分校的马修·利伯曼（Matthew Lieberman）通过神经科学研究表明，仅仅是承认压力和逆境，就能将大脑中的反应从自动反应的神经中枢转移到更有意识和更深思熟虑的神经中枢。例如，医生在治疗患有PTSD的退伍军人时，会使用脱敏方法来找出创伤的根本原因。这些原因通常是某种非常特殊的事件，所以人们可以承认它、认识它，并最终越过它。

第二步：拥抱它。

正如之前提到的，我们通常只会对我们关心的事情感到压力。这种意识会释放出一种积极进取的精神，因为在内心深处，我们知道生活中真正重要的事情往往来之不易。

作为海豹突击队家庭基金会的董事会成员，我经常带着潜在的捐助者参观BUD/S课程的训练设施。一位参观者问了一个关于海豹突击队教官如何在训练中提供帮助的重要问题。"所以，秘诀是什么？你们如何把普通人培养成能够克服任何困难的精英战士？"答案甚至比这个问题更好。

"在海豹突击队的训练中，教官设计的情况可能比现实的作战行动更有压力、更混乱，也更动态，这样团队就能学会如何在最艰苦的环境下团结在一起。当训练的压力看起来难以承受时，我们可以拥抱它，让自己知道这是我们最终选择的结果——成为团队的一员，在任何情况下获得胜利。"

基本上来说，我们每天拥抱一些苦难，这样我们就能以不适为舒适。

第三步：使用它。

虽然我们经常感觉身体对压力的反应会要了我们的命，但它的设计目的并不是为了杀死我们。事实上，应对压力的进化意义是帮助我们提升身体和精神上的功能，让我们成长，并满足我们的需求。路易斯知道，如果他想成为世界上跑得最快的人，那么疼痛、压力和苦难就是他实现目标的必经之路。如果他想在酷刑和饥饿中生存下来，他就必须深挖自己的潜能。

而且，虽然对压力的反应有时会产生不利的影响，但许多情况下，压力产生的激素确实会诱导生长，并向体内释放化学物质，从而重建细胞、合成蛋白质、增强免疫力，这会使我们的身体更加强壮和健康。研究人员将这种效应称为生理兴奋，任何运动员、老兵或战俘营幸存者都知道它的好处。正如我们所讨论的，这些都与我们的认知有关。将焦虑的心态转变为动力和机遇，可以提高我们在任何任务或目标上的表现。

如何每天拥抱一些苦难

我们中的大多数人很难与大卫和路易斯这样的人相比，我们不是世界级的运动员、顶尖的学者、音乐家、宇航员或屡获殊荣的斗牛士。对我们每个人来说，由于我们的价值观和目标不同，所以非凡的人生都意味着不同的东西。我们必须先定义胜利的结果是什么，再回过头来设计一个复杂的路径，来实现我们对胜利的预言。

我们面临的挑战在于我们经常从事的活动，往往与我们的激情、目标、价值观或目标没有真正的联系。人生的痛苦之处就在于做正确的事情并不容易。人们选择了让自己碌碌无为的工作，保持着只会以痛苦而告终的关系，怀揣着只会带来更多无意义的、痛苦的怨恨。我们遵循别人定义的路径而随波逐流，无缘无故地陷入糟糕的行为中。我们被懒惰和诱惑分散了注意力，放弃提升自己的目标。当事情变得艰难时，我们就放弃。

那么，为了克服困境，实现目标，过上不平凡的人生，你要如何每天都拥抱一些苦难呢？让我们从这里开始。我们将在稍后介绍个人任务计划和执行策略时应用下面的内容。

列出最重要的20个职业和个人目标： 这两种目标应该分成两个不同的列表，但要记住它们之间会如何互相影响。工作与生活的平衡其实并不存在。我们应该让工作和生活融合在一起。列出20个目标听起来像是一项艰巨的任务，但我们还是要这么做。

把清单中的目标缩减至5至6个： 为什么我要让你在列出20个目标之后，又要求你去除其中14~15个目标呢？因为我希望你认真考虑对你有真正意义的目标。反思你的激情、你真正的人生目标、你的价值观。哪个目标能让你每天早上从床上一跃而起，准备好大展身手呢？哪些目标可能对其他人产生积极影响？除它们之外的其他事情都只会让人分心。

确定实现每个目标所需的行动： 列出5至6项具体的行动（我们现在还不必担心这些行动的时限）。反思每一个行动，找出让你觉得不适的因素。正如我前面提到的，最有意义的目标能够提供最大的满足感，但肯定也包含着让你畏缩的方面。

开始为迎接苦难而练习：好了，现在你有5至6个职业和个人目标，每个目标都有1至2个苦难会随它们而来。列一张清单，把它放在你的桌子上，放在任何你可以看到的地方。抓住每一个机会练习。如果你想参加铁人赛但却不习惯待在水里，那你最好开始练习游泳。你应该能明白其中的意思。

我说的练习是什么意思？在特定的领域，海豹突击队可以说是我们中做得最好的人。然而，我们不断地练习、排演、潜水、执行和汇报，一遍又一遍。普通民众可能认为海豹突击队经常参与作战，但实际上，我们75%的时间花在了训练上。其余的25%才是我们的作战时间。而在作战的过程中，如果我们没有在战斗、吃饭或睡觉，我们都会训练——我们活在不断提升的状态中。

在加入海军前，当我开始认真地为BUD/S课程进行训练时，我并不具备长距离游泳和跑步的耐力。没错，我曾经是一名大学运动员，但仅仅在公司里工作一年，就让我的耐力变得很差。我在长跑中苦苦挣扎，经常落后于与我一起训练的伙伴。我对此真的非常生气。在南方卫理公会大学游泳池的最初几次训练中，100米游泳都变得像穿越英吉利海峡。我已经好几年没有参加游泳比赛了。我根本没有准备好参加BUD/S课程的测试。为此我研究并设计一套非常具体的训练方案（所有内容都相当艰苦），此外，我还立下了一个简单的誓言：每次锻炼都要持续到自己呕吐为止，每次都要突破极限。

我知道这听起来有点愚蠢和野蛮，但它奏效了。我知道除非让自己承受苦难，否则我永远无法做好准备，不管短期还是长期，我都需要在力量和耐力上取得必要的收获。我计划把健康问题从我的忧虑清单上划掉，这是唯一的办法。那是我能控制的事情。有一天，我在南方卫理公会大学的田径场训练。突然，奥运会短跑冠军迈克尔·约翰逊（Michael Johnson）走上了跑道。当时只有我和他两人。虽然他曾是世界上跑得最快的人，但这个事实不会让我泄气！我能告诉你的是，因为跑得太猛，那天下午我吐了很多。

如果你的个人目标中有一个与健身有关，我建议你制作一个自己的不幸之轮，然后找出你需要锻炼的关键领域——你最讨厌的领域，把相关的各项训练和日常运动写在上面。我的职业目标之一是通过提高各层级的领导能力来优化人员和组织。这意味着我必须不断学习和实践领导艺术和领导科学。在我的清单上，最糟糕的事情之一就是进行艰难的对话。在真实的战场上，我会迅速冲向枪声响起的地方。然而，在我目前的个人和职业生活中，我努力地避免冲突。应对极具挑战性的艰难对话对于有效的领导能力至关重要。所以，我非常强调不断地练习。每次练习都会让事情变得容易一点。

军队里的领导人每天都要做出艰难的决定。一个人需要做些努力才能习惯那样的生活，尤其是当这些决定可能伤害自己团队成员的时候。不过很不幸，这些领导人有大量的机会来实践。归根结底，一旦你有了明确的目标，你就知道是什么阻碍了你。可问题在于，你想征服这些目标的决心有多大呢？

你迎接苦难的决心到底有多强？

付诸行动

现在是时候开始练习以不适为舒适的艺术了。如果不持续执行此过程，就不可能扩展舒适区的边界。随着时间的推移，你会发现不仅不适感消失了，而且许多你曾经厌恶的活动和障碍也变成了享受。然后你建立一个新的列表，继续勇猛地执行。

当我们不愿意面对阻碍我们走向伟大的挑战时，我们就用平庸来伪装自己。因此，使用本章中的模型来去除你旅程中的障碍，让你的意志变得更加坚强。

本章问题

    我应该经常做些什么才能至少探究一下我舒适区的边界？当我这样做的时候，我看到了什么？它会使我跃升还是倒退？

    我如何在不利的环境中释放消极的能量？我有没有把精力重新投入到新的事物上？

    如果我开始每天拥抱一些苦难，有什么积极的好处？我的成长潜力是什么？

    我是否下定决心去解决列表中的苦难，如果我知道这会让我更接近我的目标？

第七章

明智地选择你为何受苦

> 受苦最能突显灵魂的坚韧，最明显的特征就是痊愈的疤痕。
>
> ——纪伯伦

伊拉克

1时13分

我们气喘吁吁地爬上高层公寓的楼梯。显然，将一群全副武装的特战队员塞进电梯不符合"战术"或"隐秘"的要求。于是我们向上攀登，直奔14楼。我们的任务是抓捕或消灭两个高价值敌方目标。我们的特遣部队分为3个小队，其中包括2个突击小队，以及一个负责外部安全的机动小队。任务计划要求同时对2个房间开展突破行动。一间在2楼，另一间在14楼。我的小队不幸抽到了下下签，需要去14楼，快速地爬楼梯让我们饱受折磨，特别是我。

我当时大汗淋漓，与其说是因为劳累和负重，不如说是因为接近39.5度的高烧正烧烤着我的大脑。我得了可怕的流感，或者是食物中毒了，也可能两者兼有。我不能确定，但那症状太糟糕了。我不该吃那只可恶的羔羊，或者昨天和那个酋长开会时的任何食物。我的胃就像打结了一样。在那一天的大部分时间里，我的感觉都像是待在一个布满苍蝇的烤箱里。具体的细节就略去不提了。

这2间公寓位于3座17层楼栋中的一座，这3座建筑是一个U形建筑群的一部分。所有的公寓都通过外部走廊进出，有点像大型汽车旅馆。我们爬上了14楼，悄悄地沿着过道往前走。空气中弥漫着柴油、燃烧的垃圾和人类排泄物的味道。我们找到了公寓，并在破门手安放炸药时贴着外墙列队。我喜欢这个家伙。还记得那个帮我们把山羊和羊驼赶进畜栏里的家伙吗？他是一个来自得克萨斯州的好小伙，整天不是在锻炼，就是安全地躲在他私人炸弹制造室的墙壁后面制作破门用的炸药。

他轻手轻脚地回到离门3米远的位置。我们用无线电通知了另一小队，表示我们已经准备好了。这将是一个同时进行的突破行动。他们随后也向我们确认状态。"炸药安放完毕。3、2、1。引爆。"我们的破门手低声说道。

嘣！两次爆炸产生的震动非常剧烈，几乎把3座高楼的所有窗户都震碎了。一切都变得不现实起来，但爆炸的威力还不仅于此。当我们头顶窗户的玻璃碎裂，晶莹的灰尘向四面八方激射而出时——我感到自己的股间也爆发了一阵喷射。可恶！

如果你曾在攻击敌人目标时遇到大便失禁的情况，你可能会想方设法地忘记这件事。你绝对不会认为自己是海豹突击队的硬汉，而更像是在操场上拉肚子的尴尬小孩。尽管如此，我们还是向前冲去，左右鱼贯地钻进了公寓。爆炸摧毁了前面的起居室。幸运的是，没有非战斗人员受伤。接着我们沿着走廊来到大厅的左边。一名敌方战士躲在房间的拐角，用一把AK-47进行"漫无目的"的射击，将大量子弹射向我们所在的走廊。7.62毫米的子弹击打着墙壁，但没有一发击中我们。我们迅速朝着敌人射击的方向移动，同时向房间里扔了一枚手榴弹，然后就结束了战斗，我们发现高价值目标藏在后面的一个房间里。在抓捕了这个高价值目标后，我们用无线电通知了另一小队。他们很快回应说他们也抓住了他们的目标。两分钟后，我们爬回车里。我是囚犯管理员，所以我把高价值目标铐在一辆悍马车的后车厢里。

"兄弟，你把屎拉在裤子里了吗？"一名队友一边把他的夜视仪翻到头盔上，一边带着厌恶的表情问道。"是的，混蛋。我拉了。"很自然地，一阵笑声随之响起。"滚开，我生病了。"我恼怒而疲惫地说。我的裤子和上衣都被汗水湿透了。现在我们准备离开目标。我迫不及待地想回到基地，把我的裤子再一次扔进燃烧坑里。但这次我们的运气没那么好。

"先生们，我们刚刚收到了执行另一次行动的命令。"我们的排长喊道。这一定是在开玩笑！在进行了简短的任务介绍后，我们回到悍马车和雪佛兰越野车里，前往下一个目标，车程大约30分钟。坐在悍马车后座的队友对我唯恐避之不及，他们笑着说："兄弟，你太臭了！"另一个目标是一口"干井"。没有恐怖分子。4个小时后，我们终于回到了基地。我冲出悍马车，直奔燃烧坑。我坐下来，迅速脱下跑步鞋，接着又脱下裤子，但身上的其他衣服依然保留着。于是，我就这样下身光溜溜地，垂着头，把步枪挂在胸口，穿着防弹背心走回了房间。为什么这种事一直发生在我身上？

我本可以选择退出这次任务，因为我病得很重，但我不愿意错过这次行动，也不想放弃与我的兄弟们一起战斗的机会。我之所以痛苦，是因为我选择了这样做。

我们最终选择承担的问题将随着我们的奋斗和成就一同到来。这一切都要追溯到我们所做的选择。即使我们做出了正确的选择，我们也要为新的问题做好准备——这要比错误选择带来的问题更好一些。当我们安全地留在舒适区里时，我们是否能避免生活中的诸多问题和挑战？当然，也许吧。如果我们不冒任何风险，我们能避免做出错误的选择吗？是的。不过在我们的舒适区范围内可能会出现哪些潜在的坏问题呢？抑郁？不满？平庸？总是逃避不了"假如……会如何"这样的问题？还是上面所有这些问题都会出现呢？

有人会对现状感到满意吗？平庸对他们来说真的没有问题？事实上，是的。有些人会，但他们是在自欺欺人。扩展舒适区的边界是寻找新机会的途径，如果不经历一些估算过的风险，你就永远无法抓住新的机会。我最终决定辞去工作，加入海军，这一决定让我亲密的朋友和家人对我产生了极大的厌恶。想象一下我当时的状况吧。

你想干什么？你失去理智了吗？

布伦特，这件事风险很大，你必须先加入海军，然后再申请参加海豹突击队的测试，并且你得真的通过那些测试才算成功——可实际上大多数参与者都失败了！如果你失败，那就要一直待在海军里。

噢，那个测试不是非常危险吗？

这些观点都很正确。

当然，我的决定不是一夜间做出的，这是我在经过长期的训练并仔细权衡了风险后的结果。但我知道，我的训练和准备工作进行得越努力，那潜在的风险就越低。我这里用了"潜在"一词，因为人生中总有太多看不见的障碍。失败、退出、因表现不佳而被开除、重伤、死亡。不过我知道，如果我决定不接受这个挑战，那会导致更严重的问题。后悔、抑郁、平庸。我将总是问自己："假如我……会怎么样呢？"

很自然地，在我做出跳过舒适区的围墙，冲进深渊的决定后，会产生新的问题、新的斗争、新的痛苦。然而，这些问题将被证明是好问题。它们的出现本质上是因为我选择了去走人迹罕至的道路。

在加入海军之前，我强迫自己在科罗拉多州的山区艰苦训练了几个月。之后我们经历了地狱周的极度痛苦和失去兄弟的悲伤。每天黄昏时分，教练们让我们在海滩上排队，让我们挥手告别慢慢融化在地平线上的太阳——这是一种仪式，用来迎接即将到来的严寒和黑暗，以及似乎永远不会结束的夜晚。然而每天早晨，太阳都会再次升起，温暖我们的灵魂，它告诉我们："你离终点又近了一天，继续前进。"我们赢得了三叉戟徽章，接着很快发现，作为海豹突击队成员，我们在战争中的人生充满了牺牲。但我们在战场上吃的苦头正是战时海豹突击队员所欢迎的苦难，取代我们的新战士也是一样。我们为失去兄弟姐妹而痛苦，他们为左右两侧的队友牺牲了自己的生命。但如果他们今天在这里，你问他们是否有任何遗憾，他们会说："没有。"他们会希望做出不同的选择吗？不会。

人生就是一系列的选择，但我们每天要做出多少选择呢？有多少选择是间接的？有多少并不重要？一些资料显示，每个人平均每天有约35000个选择。假设大多数人每天睡7个小时左右，并拥有自由选择的权利，那我们每个人每小时大约有2000个选择的机会，或者每两秒钟一个。但我们真的会做这么多选择吗？有哪个可怜的研究助理会花一整天的时间记下她脑海中闪过的每个瞬间选择的每个细节？任何评估或选择在很大程度上都取决于一个人自己对选择的定义。在更宏大的计划中，并非所有的选择都是重要的。

不管统计数字是什么样的，我们都无法否认，从起床的那一刻起，我们就面临着一系列永无止境的选择。有时候，看似微不足道的选择可能会产生重大的后果。我们决不能低估蝴蝶效应的影响。蝴蝶效应是一个经常在混沌理论中被引用的观点：一个小的变化可以导致更重大的事件，一个小的事故可以对未来产生巨大的影响。如果你忽略了手机上的电子邮件或其他通知（坦白说，我们都应该做得更多些），那你可能会错过理想的工作机会或约会软件上百万分之一的成功配对机会。但话说回来，也许这不是命中注定的。想想在战场上做出的决定吧。你的每一个选择都有其后果。

敌人正从高处向我们射击。我们应该迎战还是撤退？我们是否需要呼叫空中支援？

我已经用瞄准镜盯着敌人目标3个小时了。我会冒着错过关键射击机会的风险把眼睛闭上一分钟吗？那会有什么后果？

敌方战斗人员表现出暴力和敌意，但似乎没有武器？那他是否穿着自杀背心呢？我要射击吗？如果我错了，我会被指控谋杀吗？有什么风险呢？

敌方人员逃进了一片田地，我们应该追击吗？

很明显，不是所有人都会面对这些关系到生死存亡的选择。我并不是说我们应该对我们在单位、家庭或星巴克里做出的每个决定都感到困扰。相反，我只是想让大家更多地意识到我们每天都会做出大量的选择、各种大大小小的决定。

不管我们每天做多少决定，我们都应该关注它们，因为正如作家约翰·C.麦克斯韦（John C.Maxwell）的名言："生活就是选择，你做出的每一个选择都造就了你。"

选择之村

假设你住在一个自给自足的、宁静的小村庄里。村子位于一块空地的中央，周围是一片茂密的森林。村民们普遍认为，森林里存在着可怕的东西——猛兽、小偷、毒蛇、流沙、收税员、饥荒，当然，还有体型异常的啮齿动物。在任何情况下，你都不能进入森林。

但外面到底有什么？没有人知道。因为没有一个人拥有足够勇敢的灵魂来走出这个安全、宁静的村庄。村民们确信他们是幸福的。他们中的一些人确实是，因为他们不知道有什么更好的事物。但是你呢？你的心里烦躁无比。你很好奇。你内心深处燃烧着一团火，一个声音在问，如果……呢？

第七章 明智地选择你为何受苦

　　于是，有一天你说："去他的。"也许有可怕的东西潜伏在那里，也许会有痛苦，甚至死亡的可能，但也许除了无聊的乡村生活之外，外面还有很多伟大的奇迹。谁想一辈子都种南瓜和养猪，最后却嫁给了表哥呢？反正你不想。绝对不想，那么出发吧。带上一个小包，装上一些必要的东西，然后前进。

　　那天晚上，你扎营休息，并生了一小堆火来取暖。你很快就意识到户外的夜晚很冷，而且很黑。天哪，这么黑吗？还有点吓人。你总是听到奇怪的声音，可能是某种野兽或收税员。

　　当你不安地进入睡眠时，你的思绪又回到了村里舒适的小屋中。天气很暖和，炉子上有一锅炖南瓜，房间里的灯笼发出柔和的光芒。你躺在床上，而不是蜷缩在长满青苔的大石头上瑟瑟发抖。

　　第二天早上，你醒了，依然好好地活着。你没有被野兽活活吃掉，也没有被毒蛇咬伤。冒险的不适感甚至让你觉得有一点舒服，因为这是你自己的选择。你对自己的决定感到满意，因为现在你对外面的情况了解得更多了。你收拾行装，向森林深处走去。十分钟后，你在一块光滑的圆木上扭伤脚踝，遭到一群奇怪的蚊子的袭击。你记得一位朋友曾经告诉过你，蚊子每年杀死的人比任何其他食肉动物都多，因为它们会传播疟疾。你完蛋了。但是你继续前进——而且你不会死。

> 如果你身陷地狱，那就继续前行。
>
> ——温斯顿·丘吉尔（Winston Churchill）

你提醒自己，这些都是好的问题和痛苦，而不是沮丧、无聊和平庸。你现在可以自豪地宣称自己是冒险家了！那天下午的晚些时候，你来到一片空地。你走出了茂密的森林，在你面前出现了一个欣欣向荣的大都市。那里有美丽的建筑，快乐又光彩夺目的人们在大街上熙熙攘攘地走着，显然他们结束了他们所热爱的神奇工作（可能不是种植南瓜），正在返回家中，投入他们爱人的怀抱。这显然是天堂——一个如果你不离开村庄，就永远不会知道的乌托邦。你当时就决定再也不回村庄了。当然，到达那里需要承受一点痛苦（没有你想象得那么多），但是现在你可以得到你需要的医疗护理，并找到令人惊奇的新机会。

许多人喜欢待在舒适的村庄里。如果他们真的冒险出去，也不会走太远。人们继续从事他们讨厌的工作，因为他们太害怕辞职和寻找新工作所产生的风险。他们多年来一直处于无法令人满足的关系中，最终只会被悔恨和浪费生命的感觉所吞噬。我们推迟我们知道自己必须做出的艰难决定，因为对抗的想法让我们感到深深的焦虑。人们很快就转入到受害者心态之中，因为事情似乎从来没有按他们预想的方式发展。他们并不像社交媒体上那些成功且"快乐"的人那样幸运。他们不会去要求他们应该得到的晋升，因为他们害怕被拒绝。

这些都是选择。错误的选择、犹豫不决和无所作为会造成糟糕的问题。好的决定、评估风险和积极行动会带来好的问题。你喜欢哪一种？为什么自己不选择你愿意承受的痛苦，而不是让生活或别人替你选择呢？

SERE训练营糟透了。高级SERE训练营甚至更糟。SERE（英文中生存、躲避、抵抗、逃脱的首字母缩写组合）训练营是一个专门教授特种部队人员和战斗机飞行员如何躲避敌人和承受被俘后的痛苦的课程。

那是一个寒冷、黑暗的夜晚，地点是加利福尼亚州一个未公开的地方。我还差3个月就要被派到伊拉克进行第一次战斗部署了。我和排里的几位战友被送到了SERE训练营。因为海豹突击队员在未完成这门课程前无法部署到战区。教官们都说俄语，而且从来不会脱离自己扮演的角色。

我开始忘记这只是训练。在模拟战俘营里，我的家是一个水泥小隔间，刚好够摆出胎儿一样的姿势。在过去的5天里，我和一名空军战斗机飞行员在森林深处穿行，试图躲避敌人。每天晚上，我们都一起蜷缩在一块灌木丛下，试图分享彼此的体温。他们只允许你携带唇膏和水，但没有食物。到第4天，我已经吃掉了我的2条草莓味唇膏。它们的味道比五星级酒店的饭菜还好，太棒了。

我站着靠在一间审讯室的水泥墙上。他们把我从小牢房里拖了出来，我整晚都躺在里面打哆嗦，梦想着回家后吃什么。明亮的聚光灯照在我的脸上，让我头晕目眩，但它的温暖与12月接近零度的气温相比是一个可喜的变化。

两名肌肉发达的"抓捕者"站在我的左右两侧。一名审问者坐在我前面的桌子旁。我拼命地回想我们被扔进荒野前一周的课堂训练。

提问开始了。我试图运用我在课堂上学到的技巧。我太累了，我记不清了。我觉得我受伤了。名字、军衔、编号。反复说你的故事。撒谎，但又不是真的编造谎言。抓住我的人不相信我的话。啪！一只大手扇在我的脸上，把我的头向右打偏了90度。什么？血顺着我的下巴流下来。现在我生气了。啪！另一个人厚实的手掌从相反的方向打在我的脸上。我的血液沸腾了，我拼命想控制自己的情绪，但我做得不好。我对向其中一名教官吼出了一连串善意的咒骂，这是我唯一的武器。另一位教官在一毫秒内就让我闭上了嘴；他给我来了一次令人影响深刻的锁喉。

扮演审问者角色的教官迅速站起来，他脱离了自己扮演的角色，要求训练暂时停止。"格里森，你再这样胡闹，我们就要让你失望了。"他平静而专业地说道。总的来讲，我必须坐在那里接受拷问。你知道，训练的目的和价值就是如此。否则，我将面临失败，无法部署到战区。随后，暂停结束，我们又回到了之前"打耳光"和"挠痒痒"式的拷问。然后一桶水和一些破布被送进了房间。下面的事你们可以自行想象。

有些时候，迎接苦难这种事……真的太糟了！我们并不总能选择我们的痛苦。为什么无辜的人会遭受不公正、不平等和种族主义的待遇？为什么一对父母会死去并留下孤苦伶仃的孩子，或者为什么一个人会失去一条腿、丧失移动能力或视力？为什么一个人要遭受强奸或癌症的折磨，或者在战斗中被杀？对一些人来说，最大的痛苦在于他们不知道为什么会受苦。当我们了解到苦难的目的时，往往就能更容易地忍受苦难。因为那样我们将可以接受它，并把注意力转移到对我们的存在有潜在积极影响的方面。

然后就是有目的地接受苦难。这种苦难是真正实现自我满足的必要条件。心理学家们已经对幸福的概念进行了广泛的研究，其结果符合我们绝大部分的假设，但只有少数人愿意接受这种结果。我们获得越多的东西，赚到越多的钱，或者因为完成了伟大但有时毫无意义的目标而得到越多的认可，我们的幸福感实际上就越低。但是，当我们剥去物质性的东西或突破舒适区的边界时，我们的幸福感就会增加。为什么？因为我们对重要事情的看法发生了变化。

我保证，参加一场挑战性的比赛会为你带来比买一辆新车更多的幸福和满足感。把有限的时间投入到一项贴近你内心的事业中，会让你得到比和朋友社交更多的快乐。严格安排并执行你的健身计划和健康习惯比每年多挣一点钱带来更大的满足。一个参加BUD/S课程的学生在地狱周里只需穿上一双干袜子，他的士气就会高涨许多，就算他身体的其他部分都湿透而且冷得瑟瑟发抖。

"认知就是现实"（perception is reality）这个句子通常带有一些负面的含义，但其实也不一定。如果我们改变对困境的认知，想象一下会发生什么。正如英国探险家欧内斯特·沙克尔顿（Sir Ernest Shackleton）爵士所说："困难终究只是需要克服的事情。"很简单吧？如果我们都能接受这种心态，那么生活中的挑战就不会那么糟糕了。不过，欧内斯特有点与众不同。

他是一位英国极地探险家，曾3次率领探险队前往南极，是南极探险英雄时代的重要人物之一。在第二次远征（1907—1909年）期间，他和3名同伴创下了当时南极探险史上最大迫近距离。由于这一成就，欧内斯特回国后被爱德华七世（King Edward Ⅶ）封为爵士。

1911年12月，前往南极点的竞赛结束后，他的注意力转到从南极的一个海岸穿越南极点抵达另一个海岸上。为此他开始积极地准备，这次探险就是后来持续了3年的大英帝国南极穿越探险。欧内斯特在1914年初公布了新探险的细节。他将使用两艘船舶："坚忍号"将带领探险队的主力进入威德尔海，他们的目标是瓦瑟尔湾。从那里开始，欧内斯特将率领一个6人小队横穿整个南极大陆。与此同时，第二艘船"极光号"将在船长埃涅阿斯·麦金托什（Aeneas Mackintosh）的带领下，带领一个支援队伍前往南极大陆另一侧的麦克默多湾。然后，这支队伍将从"大冰障"（Great Ice Barrier，现罗斯冰架）开始修建补给站，直至比尔德莫尔冰川。这些补给站将储存食物和燃料，使欧内斯特的队伍能够完成接近2900千米的穿越南极大陆的旅程。听起来非常有趣，对吧？

据说欧内斯特曾在《泰晤士报》上刊登了一条招募队员的广告，内容是这样的：

现为一次危险的旅程招募参与者。薪水很低，温度很冷，需要长时间处于完全的黑暗。不能保证安全返回。成功后将获得荣耀和赞誉。

听起来就像是海豹突击队的征兵广告！如果我们能发布广告，很可能是这样的：

报酬很低。苦难数量超乎你的想象。有可能死亡。但是，你将成为一名特种兵，可以为国效力并净化世界的邪恶。

——山姆大叔

我知道你在想什么。这广告真是太蠢了。欧内斯特显然不是营销专家，也绝对不是招募人才的专业人士。祝他好运！但事实上，在广告发布后的几周里，有5000个疯狂的混蛋申请参加这次探险。这些人显然都是疯子！也许他们认为这个广告是个玩笑，但它不是。基本上，申请者们是在说："我要预定一份痛苦和折磨，同时附带苦难和死亡的可能。"但对他们而言，只要有冒险的承诺和取得辉煌成就的可能，就足够了。

和往常一样，厄运降临了。灾难袭击了这支探险队，"坚忍号"被困在浮冰中，在把探险队员送到陆地前它就被慢慢压碎了。船员们在浮冰上待了好几个月，以有限的口粮为生，辅以生的海豹肉和狗肉。显然，他们没有唇膏可以吃。笑迎苦难，先生们——你们已经报名了！沙克尔顿的招聘广告说得真是一点没错。

最终，冰崩解到足以让他们启用救生艇并前往象岛。最终，在经历了720海里波涛汹涌的航程后，他们抵达了南乔治亚岛。这是欧内斯特最著名的功绩。1921年，他再次返回南极，但在船停泊在南乔治亚岛时他死于心脏病发作。应他妻子的请求，他被埋葬在那里。

欧内斯特·沙克尔顿爵士是一个以自己的雄心壮志为动力的人。除了探险之外，他的生活总体上一刻不停，但也没有取得什么成就。在寻找快速致富和保障的过程中，他发起了一系列的商业冒险，但都失败了，并且让他在死后留下一大笔债务。他去世时，媒体对他大加称赞，但之后，他基本被人们遗忘了。不过到了20世纪后期，他的事迹再次被人们发现，并迅速成为领导力领域的楷模人物，因为他在极端情况下仍能让团队保持团结一致。

有人可能会说，他的动力可能来自错误的价值观，就像我们在第三章中所讨论的，但他显然有一种推动他实现崇高目标的能力。同一种动力（火焰）最终挽救了他的队员的生命。他的职业生涯充满了极端的痛苦，这是他为了追求自己的激情而特意选择的苦难。

改善你的心智模式

苦难实践

在我创业之初，我觉得自己很像欧内斯特爵士。漂流在未知的水域，给养越来越少，不能确定投资能否获得安全的回报，偶尔啃生海豹肉。我承认，这样的状态非常有挑战性，压力也很大，但它也非常令人满足，因为它是我选择的。这是我再次选择的痛苦。正如我所提到的，初创公司的失败率与海豹突击队训练类似，但我并不在意。因为我已经把我的舒适区的边界扩展到了我无法想象的地步，我知道这条路会成功。不是说这个过程中没有障碍、焦虑和失败，而是最终我会取得成功。

所以，这里讲的不仅是你在选择愿意承受何种痛苦时要更加深思熟虑，还包括了如何迎接适当的苦难。每一本励志书似乎都在教导别人如何变得快乐、如何获得力量、如何进行积极的自我对话、如何建立美好的关系、如何创造财富……换言之，他们所说的事情，并不是我们大多数人在生活某个阶段不可避免会遭遇的痛苦。可是我们都经历过痛苦，为什么要与之抗争呢？最好的方法是拥抱它，理解它，并学会在生活的道路上与它和谐共存。我们要更好地理解我们为实现痛苦而采取的步骤，并学习如何以更健康的方式度过我们生活中的这些艰难时期。

笑迎苦难模式有5种苦难实践，这些实践得到了相关研究的支持，可以帮助你在奋斗中成长。

（1）找到处理苦难的安全关系。承受苦难意味着你要在一段安全的关系中处理它。在苦难的旅途中，我们都需要有人陪伴。从研究和经验中我们知道，社会性的支持在帮助人们应对考验并最终从中成长方面起着巨大的作用。你需要有人为你提供一个安全的地方，让你表达出自己对痛苦的真实感受。尽管当你经历艰难时这会很困难，但你依然需要尽力去表达你的脆弱。对脆弱的更深刻的理解是人们在苦难中成长时常常经历的积极变化之一。

（2）面对并表达你的情感。一旦你找到了能与你同行的人，你就需要了解并表达你的情感，而不是压抑和逃避它们。众所周知，分享与痛苦相关的情绪会带来积极的结果，而且研究表明压抑情绪会导致负面结果，比如焦虑和抑郁情绪的增长。为了做到这一点，你需要情感上安全的关系。你必须相信你脆弱的情绪会得到小心和充满同情的处理。当你在安全的关系中表达你的真实情感时，它就会开启一系列积极的过程。你与他人的联系会更深入，这本身就是治愈性的。此外，你将能够在你的生活中发现痛苦的意义。

（3）从头至尾地处理痛苦的情感。一旦你开始谈论并感受苦难中的痛苦，就请保持这种感觉直到你到达情绪的顶点。这一原则来源于情感功能理论，它表明情感基本上是适应性的。情绪是你对生活中事件的自动评估。它们提供了至关重要的信息，并引导你了解对自身健康至关重要的内容。例如，悲伤是适应性的，因为它帮助你为失去的东西伤心。就强度和清晰度而言，情绪发展会经历一个自然的弧线，或者说渐进的过程。当你开始感受到痛苦的冲击时，你可能会开始思考。不过重要的是不要在这个阶段停下来。你需要更充分地拥抱你的情绪，体验它们在适应过程中带来的好处。当你与你信任的人一起参与这个过程并继续经历这种情感的起伏时，你将更清晰地认识到其意义所在，当你体验到自己情感的全部真相时，会有一种安心的感觉。

（4）反思并重新安排你的优先事项。生活中的考验会让你重新思考生活中的优先事项，这可以帮助你成长。不过你必须积极思考哪些事情对你来说是真正重要的，然后有意识地改变你的日常习惯和生活节奏，使之与你修改后的优先级保持一致。那可能意味着花更多的时间与你的配偶和孩子在一起并珍惜陪伴他们的每一刻；或者意味着接受甚至拥抱你自身的局限；也许是在该做其他事情的时候，暂时放下待办清单上的事情，并依然相信你会按优先级完成工作；又或者，这可能意味着通过人际关系而不是业绩或成就来找到你的身份认同。

（5）利用你的经历来帮助他人。许多人发现，帮助有过类似经历的人会对自己产生巨大的意义。即使其他人没有经历过与你相同的挑战，用你的痛苦来激发对别人的同情和同理心，也是一种救赎你痛苦的方式。它能帮助你找到其中的意义。许多患有创伤后应激障碍的退伍军人在为其他退伍军人的服务中找到了安宁。研究表明，志愿服务是我们自我康复的最有力方式之一。同样，这也是以阵亡士兵们悲痛的父母的名义成立基金会的核心原因。坦率地说，这也是我成为海豹突击队家庭基金的董事会成员，以及指导年轻人参加和通过海豹突击队选拔项目的原因。所以，行动起来，寻找一个更伟大的事业。相信我，你永远不会为此后悔。

付诸行动

因此，无论我们所经历的痛苦和情感障碍是自己选择的还是被动接受的，有目的地练习承受苦难都会带来更好的生活。成功通过BUD/S课程的学员可以忍受痛苦——甚至会愉快地拥抱它——因为他们知道接受反而会有更好的结果。那是通往特定目标的道路。对于精英运动员、成功的企业家，或者任何为了追求自己热爱的东西而扩展舒适区边界的人来说，这没有什么不同。如果我们愿意做，那每个人都能做到。如果你笑着迎接苦难以及随后必然会出现的好问题，你最终会实现卓越的人生——不管你对它的定义是什么。

本章问题

在现在和过去的生活中，我能识别出哪些问题？它们源于好的选择还是坏的选择？

在追求积极的目标和新的机遇时，我是否会接受我所面临的挑战？或者我是否会允许这些障碍将我击退，让我回到宁静的村庄？

如果在生活中冒更多的风险，我能获得怎样的潜在满足感？

我愿意为何种事物受苦？原因是什么？

对那些我没有选择的痛苦，我有能力改变我的看法吗？

通过有目的地受苦，我能发现哪些关于自己的惊人潜力？

▼

第三部分

采取行动：执行，执行，再执行

在没有命令的情况下，我将负起责任。

——《海豹突击队精神》

第八章

通过自律和责任感获得更多胜利

> 最初和最好的胜利是征服自我。
>
> ——柏拉图

在BUD/S课程的最初阶段，所有学员被分配到不同的划艇小队，这是一个由7个人组成的小队，由6名应征士兵和一名军官（划艇队长）组成。这种方式能够教会未来的海豹突击队员在团队中奋力战斗，就像在战场上一样，他们需要合作、沟通、自律和责任感——所有这些都是一个团队在任何环境中取得成功的首要能力。个人的自律和责任感是团队自律和责任感的开端和结果，并且团队的每个成员都要全面参与其中。在获胜最多的队伍里，队员们对身边之人的关注超过了对自己的关注，这让所有队员的高效表现可以叠加在一起。

> 我们需要纪律。我们期待创新。
>
> ——《海豹突击队精神》

　　在地狱周期间，许多活动涉及与其他小队的竞争。一些队员很快团结到一起，他们纪律严明，全力合作以实现他们的目标。每个团队成员都让自己和其他队友保持着最高水准的表现。当他们做得不够好时，他们会简单汇报情况，并将学到的知识应用到持续的改进中。日语中有一个词叫"かいぜん"（Kaizen），它是日本人表达继续提高现有的成果的词语——换言之，就是永不满足于现状。把它翻译过来就是"持续改善"的意思。在最艰难的时期，这些队员在彼此身上找到了力量。领导者通过承担最艰巨的任务和承担更多责任的方式来激励团队。他们总是赢。其他屈服于疼痛、困境和苦难的小队则崩溃了。外部的影响破坏了队伍在个人和团队层面的责任和纪律，内讧和指责接踵而至。他们总是会输。

　　有时候，教官会开展我所说的领导力实验。他们挑出那些一直赢得全部或大部分比赛的小队队长，与输掉大部分比赛的小队队长进行交换，然后坐下来看会发生什么情况。不管是哪个班级，结果都是相对一致并且相当有趣的。在新队长鼓舞人心的领导下，总是被甩在后面的小队几乎立即成为排名靠前的小队。为什么呢？因为新的领导者知道如何快速改变个人的心态和队伍的文化。重新点燃他们的进取心，让他们产生集体性的激情——也就是通过纪律和责任感赢得团队胜利的意愿。队员们会受到鼓舞，从而团结一致，整支小队将在一种新的使命感下行动，这种感觉与每名队员的个人情感都联系在一起。

与此同时，在看似糟糕的新队长的领导下，赢得了大部分比赛的小队继续处于领先地位！为什么？因为胜利的文化和心态已经在每名队员的心里根深蒂固，任何人或外部性的影响都无法摧毁他们已经创造的一切。他们所打造的个人和团队纪律是牢不可破的，即使在最恶劣的条件下也是如此。他们在逆境中茁壮成长。

在BUD/S、SQT和海军特战队的其他精英选拔项目中，教官们都非常看重来自同伴评审的数据。班上的学员会定期匿名对他们的同伴进行排名，让他们有机会为此做出解释。如果你曾经在你的公司接受过360绩效测评，你应该就能理解。因此，想象一下，对一群承担着极高风险的、精力旺盛的人进行360绩效测评是什么样吧。一个委员会将对排名始终垫底的学员进行审查，考虑是否将其开除。但是，候选学员被同学们评为糟糕的原因可能与你想象的不一样。真正的原因并不在于他们不是最快的跑步者、最好的游泳运动员，或者不是靶场上最熟练的射手，而是他们的态度。如果一个学生缺乏纪律、正直和责任感，如果他会把团队的需要放在自己的需要之前，如果他害怕失败从而不去冒有计划的风险，如果他缺乏创造力和创新，那么他才会得到糟糕的排名。总而言之，在拉马迪的枪战中，你绝不会希望这样的人站在你身边。

自律和责任感不仅是你在生活中取得更多胜利的基础，也是通往幸福和成就的真正大门。我相信你在生活中遇到过这样的人，他们似乎总是为任何给定的任务投入必要的工作和努力，无论是他们的工作、爱好，还是健身目标，然而，他们取得的成果似乎总是平淡无奇。然后，其他投入相同时间和努力的人似乎总是处于持续改善的状态。既然这两种人都投入了时间和精力，那为什么结果会不同呢？关于这一主题的研究让我认识了K.安德斯·埃里克森（K.Anders Ericsson），他是一位瑞典心理学家和康拉迪杰出学者，也是佛罗里达州立大学的心理学教授，在人类表现和人类专长领域获得了获得国际认可的成就。

埃里克森曾与迈克尔·J.普里图拉（Michael J.Prietula）和爱德华·T.科凯利（Edward T.Cokely）一起在《哈佛商业评论》（*Harvard Business Review*）上发表了名为《专家的形成》（*The Making of a Expert*）的文章，其中对"刻意训练"这一主题提供了深刻的见解。他们认为，训练的关键不在于投入了多少时间，而在于如何追求持续改进。没错，我并不是因为连续几个小时在太平洋上漂流而成为一名熟练的开放水域游泳运动员。如果你一周3天和朋友一起去球场走过场式的挥杆，你就不会成为一名优秀的高尔夫球手——尤其是你一直畅饮布希淡啤酒的话。我敢说即使是吃热狗面包的顶尖冠军也会刻意地改进他们的技术水平。

在文章的开头，他们特别引用了芝加哥大学教育学教授本杰明·布鲁姆（Benjamin Bloom）的作品，一本名为《培养青少年的天赋》（*Developing Talent in Young People*）的革命性著作，其中研究了影响天赋的关键因素。布鲁姆的研究集中在如何将努力与发展真正的专业技能区分开来。他的作品主要研究了音乐家、艺术家、数学家和运动员。他在书中突出强调的3个关键领域是：

（1）密集而专注的练习

（2）与有奉献精神的老师一起学习

（3）在关键发展时期得到家庭的支持

文章中有一段不容忽视的话，现引用如下：

真正卓越的表现既不适合胆小的人，也不适合没有耐心的人。发展真正的专长需要奋斗、牺牲，以及诚实的且往往非常痛苦的自我评估。这其中没有捷径。你至少需要十年的时间才能获得专长，你需要明智地投入时间，进行"刻意"的练习——也就是专注于超出你当前能力和舒适水平的任务。超越传统的舒适区需要巨大的动力和牺牲，但这是一项必不可少的纪律。

我们为战争而训练，为胜利而战。

——《海豹突击队精神》

　　下面的例子也许能更好地说明这一点，海豹突击队员必须掌握的最关键和最不幸的一种相关技能是近距离战斗（CQC）。在过去20年中，我们的大部分战斗都发生在城市环境中——包括大型的城市和建筑密集的农村——由于在这些区域里我们会面对全方位的威胁，所以城市战可以说是最危险的战斗类型。近距离战斗的培训主要在一个叫作战斗室（kill house）的设施中进行。我们著名的训练格言之一是"慢就是稳，稳就是快"。基本上，这就是一门关于从爬行到行走再到奔跑的哲学。你会在BUD/S中开始学习这项技术，然后在SQT进一步磨炼它。由于这种技术极端危险，所以在战斗室内违反安全规定是从训练中退出的最快方式之一。我们的训练是在实弹场景中进行的。没错，真正的子弹在狭小的空间里飞舞。训练的目标是捕获或消除敌人的威胁，同时不让子弹打穿队友的脑袋或射杀不应被杀害的非战斗人员。

　　在战斗室内，训练有素的海豹突击队教官会站在横跨整个建筑的T型平台上观察你的一举一动。有一种训练是这样设置的，团队打破设施的一扇外门，然后鱼贯地进入房子，沿着走廊一间一间地清理房间。每个房间都设置了不同的场景：比如武装战斗人员与非战斗人员混杂在一起，人质被绑架，不同的家具配置，你可以尽情想象。把你的未来握在手中的教官会非常仔细地观察你的一举一动，包括身体姿势、步伐情况、速度快慢、枪口指向，你要按最佳的实践标准行动，每件事都要。哦，千万别开枪射击人质！那将让你付出严重的代价。举例来说，我们在彭德尔顿海军陆战队营地使用的战斗室的旁边有一座非常陡峭的小山，真的是一座小山。如果你对目标射了一发子弹，射击了人质，或者违反了安全规定，你就得全副武装地爬山。

我们所有的训练都是经过深思熟虑的，正如《海豹突击队精神》所说："我的训练永无止境。"持续改善自身的状态对我们的生存至关重要。痛苦的自我评估（和同伴评审）是我们提高表现的良方。这个连续性改进会将你的舒适区扩展到你能想象到的最远的地方。我们刻意地训练，评估自己的表现，然后再训练。

团队责任

正如前面提到的，个人的自律和责任感也直接适用于团队性环境中的成功。责任制是在任何团队性环境中取得高效表现的最关键的文化支柱，特别是在汹涌和动荡的黑暗水域中航行时——这是一个全世界目前已经习惯的战场。

下面要说一个关于戴夫·施洛特贝克（Dave Schlotterbeck）的故事，他是阿拉里斯医疗系统公司（Alaris Medical Systems）的前首席执行官。他学会了掌握组织中的变化，并建立了一种全面拥抱责任感的文化，最终带来了令人印象深刻的结果。尽管他的组织没有受到全球疫情的影响，没有被饥饿的蝗虫袭击，更没有遭到死亡和肢解的威胁，但它从深渊崛起的历程证明，无论是生活

还是工作、团队还是个人，责任感都是通往真正变革的道路。戴
夫知道他需要改变阿拉里斯公司的组织文化。公司的员工由于害
怕失败而回避风险，放弃机遇，并且完全缺乏纪律。就像BUD/S的
部分学员一样，他们总是输。组织中的每个人最关心的不是为公
司赢得需要的结果，而是怎么保护自己和寻找另一份工作。戴夫
认识到，若想改变结果，他需要改变员工的思维方式、互动方式
以及他们在组织文化中对待工作的方式。因此，他开始寻找一种
新的方法来改造公司。我称之为"文化驱动的转型"。

　　戴夫主导了重新定义公司规矩和信念的过程，使它们更好
地与实现预期结果所需的行动相一致。他变革了阿拉里斯公司的
文化，真正改变了医疗系统行业的格局。在短短三年的时间里，
阿拉里斯公司的股价从每股0.31美元提高到每股22.35美元，在竞
争对手的年增长率不超过3%的市场中，该公司的年增长率高达
15%。此后不久，阿拉里斯公司被《财富》（*Fortune*）杂志评选
为20强的嘉德诺健康集团（Cardinal Health）收购，随后又作为康
尔福盛公司（CareFusion）的核心业务被分拆出去，并成为观点领
导力公司的客户之一。今天，康尔福盛公司是世界上最大的医疗
器械供应商之一。戴夫将阿拉里斯公司的文化变革描述为他在杰
出的40年职业生涯中必须完成的"最困难的工作"，但也是他最
引以为傲的工作。为什么？因为这份工作非常不舒服。在动荡、
复杂和模糊的环境中，若想让新的领导力技能发挥作用，学会如

何改变一种文化，并迅速改变它是至关重要的一部分，无论是在生意、家庭、人际关系还是战场上都是如此。

基于这个故事，我们可以认为纪律和责任感不仅适用于团队的设置，也适用于我们自己的个人和职业的表现。

我上中学时爱上了攀岩。我享受这项运动在生理和心理上带来的挑战，事实上我发现我喜欢登高。我的孪生兄弟和我每年夏天都会参加一个很有难度的探险营，其中的项目包括攀岩、攀冰和登山。到高中毕业时，我们已经成为相当熟练的登山者，并且登上了北美洲最高的几座山峰。然而，我的孪生兄弟取得的成就比我更高。从怀俄明州温德河畔的冰封山巅到哥斯达黎加的丛林，我作为海豹突击队员的职业生涯中一定有一些有目的的、幸福的苦难。

热衷于攀岩的人并非都拥有相同的品格。其中有些人完全是疯子。亚历克斯·霍诺尔德（Alex Honnold）就是这样。从他的水平来看，他称得上是一位专注且自律的大师。亚历克斯在约塞米蒂国家公园的一辆货车里住了十多年。不，他并不是无家可归——他只是想住在货车里，因为这样他每天都能爬一整天的山了。他最为人所知的事迹是独自一人在无保护状态下攀登了多个巨大的岩壁。有多大呢？非常巨大。无保护状态是什么意思？那就是说攀登时不用任何绳子。

亚历克斯与大卫·罗伯茨（David Roberts）一起拍摄了纪录片

《孤身绝壁》（*Alone on the Wall*），同时也成为2018年传记纪录片《徒手攀岩》（*Free Solo*）的题材。正如他的一位攀岩密友和同行在纪录片采访中所说："你可以把这想象成奥运会的一个项目，但是如果你没有赢得金牌，你就会死。"

亚历克斯出生于加利福尼亚州的萨克拉门托。他5岁就开始练习攀岩。10岁时，他已经成为攀岩的好手，并且参加了许多国内和国际的青少年攀岩锦标赛。他找到了一种激情，在追求激情的过程中，他非常自律。他的做法是自己刻意的。

在《滚石》（*Rolling Stone*）杂志的采访中，他说："我小时候的攀岩水平就不差，但我从来不是一个伟大的攀岩者。有很多攀岩者比我更强壮，他们从小就开始攀岩，并且，他们像是一瞬间就变得异常强壮，仿佛他们生下来就有这种天赋。但我不是那样。我只是喜欢攀岩，而且从那以后我一直在攀岩。所以很自然地，我在这方面做得更好了，但我从来没有天赋。"

好吧，随你怎么说，亚历克斯。随你怎么说。

2012年，他独自完成半穹顶西北壁常规线路（Regular Northwest Face of Half Dome）的攀登，又出演了纪录片《孤身绝壁》并接受了《60分钟》（*60 Minutes*）的采访，之后，他得到了主流社会的认可。2014年，克利夫营养棒公司（Clif Bar）宣布不再赞助亚历克斯以及其他4名攀岩者，他们大部分都是单人无保护攀岩者。该公司在一封公开信中写道："我们的结论是，这种形式的体育运动已经越界，其风险已经高到我们公司无法承担的地步。"基本上他们就是在说：我们不能再支持你们这种疯狂又有自杀倾向的行为了！

2017年6月3日，他进行了有史以来第一次单人自由攀登酋长巨石（El Capitan）的壮举，他在3小时56分钟内完成了这段884米的无保护攀登路线。这个杰出的表现被称为有史以来最伟大的体育壮举之一，攀登的过程被登山者兼摄影师金国威（Jimmy Chin）录了下来，并成为其2018年拍摄的纪录片《徒手攀岩》的主题。好消息是这部影片并没有变成悲剧！

是什么让亚历克斯在攀岩上取得如此辉煌的成果？事实上，他真的非常在乎攀岩。这是少数他真正关心的事情之一。这种激情推动着他的自律和责任感，并用自己的激情和天赋作为回报。他建立的霍诺尔德基金会是一个致力于将太阳能带到贫困社区的非营利组织。亚历克斯不仅用他的声誉和人际关系来支持这一目标，而且每年他还将收入的三分之一捐给该基金会。

有趣的是，研究表明，当我们的激情能够让我们投身于比自己更伟大的事业时，我们会更成功，也会更满足。

在短暂的一生中，我们真正在乎的事情只有那么多。如果我们试图对每件事都全心投入，追逐每一个经过我们身边的闪亮物体，或者制订太多的目标，我们最终会陷入平庸。一心多用只意味着你在同时以一种半途而废、不断分心的方式做很多事情。我们得为自己选定一些事情。我们必须定下优先级以便开展行动。对亚历克斯来说，那就是攀登；对大卫·戈金斯来说，那就是跑步和其他荒谬又痛苦尝试；对欧内斯特爵士来说，那就是探险；对路易斯来说，那纯粹就是活下去；对我来说，那就是和我妻子约会。我写这本书是为了赢得她的好感吗？也许没错。

快乐和满足来自专注、自律和自制。当你面对一个"想吃就吃"的自助餐，一个快速赚钱的机会，或者慵懒地睡觉而不是赶地铁的诱惑时，你可能很难相信这一点，但研究表明，自律的人更快乐。为什么？因为有了自律和自制，我们实际上实现了更多我们真正关心的目标。

> 你可以控制你的思想，而不是外界的事情。认识到这一点，你就会找到力量。
>
> ——马可·奥勒留（Marcus Aurelius）

对于与他们价值观或目标不一致的行为和活动，自制力较高的人很少会花时间来讨论是否要沉迷其中。他们更加果断，他们不会让冲动或感觉左右他们的选择。相反，他们会做出冷静的决定——即便这些决定涉及可估算的风险。他们是自身信念的建筑师，也会为实现理想的结果而采取行动。因此，他们不容易被诱惑之虎分散注意力，同时也对自己的生活更为满意。

改善你的心智模式

掌握自律

你可以采取一些行动来学习如何自律并提升意志力，从而过上更快乐、更充实的生活。如果你想控制自己的习惯和选择，想要变得自律，以下是你能做的9件最有积极影响的事情。自律对于生活在舒适区之外的人是必不可少的，甚至可以重新定义何为"杰出"。

第1步：了解你的弱点。

我们都有弱点。无论是对酒精、烟草和不健康食品的渴望，还是对社交媒体的痴迷，又或是对电子游戏的沉溺，都对我们有着类似的影响。我们的弱点不仅仅表现在缺乏自制力的领域。我们都有自己的强项和不擅长的方面。例如，我不喜欢进行困难的谈话（如我在前文提到的）；冗长的文书工作，包括查阅我一开始就没有保存的旧文件；在有人向我开枪时控制自己的脾气；捡起宠物狗拉的屎；或在电话里与自动电话系统交谈。因此，我积极地（或有目的地）接受它们。这样，我就能努力地正面解决这些问题，或者把它们委托给其他人。（永远不要忘记授权给他人的微妙艺术！）

自我意识是扩展舒适区的有力工具，但你需要保持持续的关注并承认你的缺点，不论你的缺点可能是什么。我从小就患有严重的过敏和哮喘，视力也很差。在我考虑成为海豹突击队员时，这些都是明显的弱点。但那又怎样？我努力训练来改善我的肺功能，并攒钱做了激光近视手术。很多时候，人们要么假装自己的弱点不存在，要么以一种固定的心态屈服于弱点，他们会在失败时举起双手说："哦，好吧。"坦白地承认自己的弱点，这样你才能克服它们。当贝塞斯达的医生们把杰森再也做不到的事情列在清单上时，他是怎么做的？你也应该像他一样。

既然你没有被大口径机枪打死，你就没有借口。

第2步：消除诱惑。

正如俗话所说："眼不见，心不烦。"这句话听起来可能很愚蠢，但它提供了有效的建议。只要消除你所处环境中的最大诱惑，你就可以大大提高自律能力。感谢诱惑之虎的邀请，但你会在放荡的夜晚开始前离开。

当我决定实现成为海豹突击队员的崇高目标时，我必须改变我的一切。如果你想吃得更健康，那就把垃圾食品扔进垃圾桶。想少喝酒？那就把酒倒掉。想提高工作效率？那就关闭社交软件的通知，让手机静音。把你的事务按优先级排名，然后执行。让你分心的事情越少，你就越能专注于你的目标。抛开不良的影响，为自己的成功做好准备。

第3步：设定明确的目标并制订执行计划。

如果你希望实现更高程度的自律，那你必须对你希望实现的目标有清晰的愿景，就像任何目标那样。你还必须了解成功对你意味着什么。毕竟，如果你不知道自己要去哪里，就会很容易迷失方向或偏离目标。记住要分清轻重缓急。在我们帮助公司客户进行战略规划、执行和组织转型时，我们提醒他们，同时处理十个优先事项就意味着没有优先事项。

用一个清晰的计划列出你为实现目标必须采取的每一个步骤。如果以成为超级马拉松运动员为目标，我们大多数人都不会从100千米跑开始。先学会爬，再学会走，最后学会跑。编造一个让自己保持专注的咒语。成功人士会用这种技巧来让自己保持在正轨上，并建立一条清晰的终点线。在观点领导力公司中，我们称之为"引领式隐喻"，你可以想象并与它联系在一起。例如，一位客户想出的隐喻是"始终向球网冲锋"，因为他热爱网球，并且有一个目标，那就是让自己在公司中的角色更积极。在接下来的几页中，我将为你提供一个可以用于任何目标的详细模型。

第4步：每天勤奋练习。

我们并非生来就有自律的能力，这是一种后天习得的品行。就像你想掌握的其他技能一样，它需要每天反复地练习。它必须成为一种习惯，但维持自律所需的努力和专注可能会耗尽。

随着时间的推移，控制意志会变得越来越难。诱惑的程度会变得更强，决定的重要性会变得更严肃，因此处理其他同样需要自制力的任务时就更有挑战性。所以，你需要通过每天的努力来建立起你的自律。这时你可以回到第三步。为了每天的勤奋练习，你必须有一个计划。把它记在你的日历上，又或者你的待办事项清单上，总之选择对你最适合的方式。通过练习，任何人都可以每天拥抱一些苦难。

第5步：通过保持简单来养成新习惯。

在开始时，学会自律并努力向自己灌输新习惯会让人感到畏缩，尤其当你专注于手头的整个任务时。为了避免感到害怕，你应该让新习惯保持简单。把你的目标分解成难度不大的可行步骤。不要试图一下子改变一切，而是专注于始终如一地做一件事，并牢记掌握自律的目标。正如我们在海豹突击队中所说的："若想吃掉大象，一次只咬一口。"

如果你想保持身材，但不经常锻炼（或从未锻炼），那从现在开始每天锻炼10到15分钟。如果你想养成更好的睡眠习惯，那从现在开始每晚早睡30分钟。如果你想吃得更健康，那就改变你在杂货店购物的习惯，并在前一天晚上准备好午餐，早上带着它出门。你要慢慢来。到最后，当你做好准备时，你就可以在你的列表中添加更多的目标。

第6步：改变你对意志力的认知。

如果你认为自己的意志力是有限的，那你也许就无法超越这些极限。我们之前已讨论了意志力会如何随着时间的推移而耗尽，但如果我们不这么想呢？如果有学员认为自己可能无法通过BUD/S的训练，那他们就不会成功。为什么要为我们的求胜欲设限？当我们抱着意志力没有界限的心态时，我们会继续成长，取得更多成就，并在心理上培育出坚韧的品格。设置"延展性"目标时也是一样。

简言之，我们对意志力和自制力的内在观念可以决定我们的自律能力。如果你能消除这些潜意识障碍，并真正相信你的能力，那么你将给自己添加额外的动力，使这些目标变成现实。

第7步：为自己制订一个后备计划。

在海豹突击队，我们总是有应急计划。心理学家使用一种称为"执行意向"的技巧来增强意志力。这就是当你知道你可能会面对的潜在困难时，为自己制订一个应对的计划。我得说明一下，我指的不是你为某个可能失败的计划而准备的后备计划。假设你渴望成为一名专业的空中飞人，但却对自己说："好吧，我可能并不擅长这个，所以我还是去打迷你高尔夫吧。"这是一个包裹在平庸之下的蹩脚后备计划。我们谈论的是在遇到偶发情况时有目的地修正航向，而不是为失败做准备的计划。所以，要勇敢地继续前进。

制订一个计划将有助于你在这种情况下保持必要的心态和自制力。你也不必在突然的情况下根据自己的情绪状态做出决定，这可以节约你的精力。

第8步：找到值得信赖的教练或导师。

若想发展专业知识，你需要能够提供建设性反馈（有时甚至是痛苦的）的教练或导师。真正的专家是非常积极好学的学生，他们寻求着这样的反馈。他们还善于理解教练或导师的建议何时以及是否对他们有作用。

我认识和共事过的高绩效精英总是知道他们做对了什么，但他们的注意力也能兼顾他们做错的事情。他们特意挑选了一些冷酷的教练，这些教练会挑战他们，并推动他们取得更高水平的成绩。最好的教练还可以找出你在提升至下一个水平时需要提高哪些方面的表现，并帮助你做好准备。

第9步：原谅自己，继续前进。

即使有了最好的意图和周密的计划，我们有时还是会失败，这是常有的事。人生总有起起伏伏，你既会取得巨大的成功，也会遇到惨淡的失败，但关键在于继续前进。我的一位非常亲密的海豹突击队队友有一个毕生的梦想，他不仅想在海豹突击队服役，还要进入我们的一级特别任务部队。他具备这支部队需要的所有资质水平，但出于某种原因，他们并没有在他第一次申请时选中他。他沉溺于悲伤了吗？一秒钟也没有。他立即制订了一个计划，以便参加更多的大学课程，更加努力地训练。为了下次有更好的机会被录取，他申请调动到其他团队。简单又轻松。

如果你失败了，那就找到根源，继续前进。不要让自己沉浸在内疚、愤怒或沮丧中，因为这些情绪只会把你拖得更深，阻碍你未来的进步。从错误中吸取教训，原谅自己，然后振作起来，积极地行动。

付诸行动

对初学者来说，你要让自己的选择更严格，让自己更有责任感！这些都是只有你才能做出的选择，其他人都不行。

给自己一点时间，让自己在特定的领域全面地掌握提升责任感和自律水平的能力。记住，自律的头脑会带来自律的思想和行动。例如，我发现在健身上的自律和个人责任感有助于强化我在企业领导力方面的专注和执行。这样想一下，如果你要在1～10的范围内衡量你的自律程度，你会把自己放在哪个位置上？不要欺骗自己。自律是成功的基石之一，它不仅可以用于宏大的目标，也适用于完成简单的日常任务和其他杂务。

没有一定程度的自律，你的行为就像水母一样。你会被外部力量、环境、媒体、家庭或同事冲昏头脑，只能无目标地随波逐流。拥有自律意味着你掌握了人生的方向盘，你成了一个实干家，而不是一个漂泊者。

本章问题

当我许下承诺时，无论它们是琐碎的还是重要的，我都会遵守吗？

我做决定后会经常改变主意吗？

如果我早上起来打算做点什么，我会不会把事情推迟，结果当一天结束时，事情还没有做完？

当某项行动、任务或杂务很难完成且需要很多时间时，我是完成它，还是在一段时间后放弃？

如果我对上述问题的答案表明我的自律水平和责任感都很差，我该怎么办？

第九章

为积极执行的心态和行为建立模型

> 通往成功之路的方法就是要采取大量果断的行动。
>
> ——托尼·罗宾斯（Tony Robbins）

伊拉克某处

2时0分

我们的4架CH-47"奇努克"直升机满载着两个海豹突击队排和波兰特种部队人员，从低空快速飞越贫瘠的沙漠，我们的目标是一座被撤退的伊拉克军队占领的大型水电站和大坝。我们的任务是攻击、占领和控制电站，直到常规部队抵达。关于保护电站的敌军部队的规模和组成，我们的情报交代得并不十分清楚。然而，根据情报部门的说法，敌人的意图是摧毁大坝，导致大规模的电涌和断电，并淹没大坝下游的土地。我们的任务是确保敌人的目的无法实现。

这是我们在伊拉克的第一次战斗任务，但我们甚至还没有在伊拉克"国内"部署。当我们接到这个任务时，我们仍然待在科威特的阿里·萨勒姆空军基地里，与海豹突击队三队进行换岗。作为排里的直升机绳索悬降技术大师，我最初的任务是在直升机上做准备，并监督队友通过绳索快速降落在目标位置。我坐在舱门边一卷厚厚的绿色尼龙绳上，监视着直升机向速降点的行进。一阵寒风吹过，我微微打了个冷战。室外温度21度，与白天37.8度以上的高温形成鲜明对比，这让人的身心都感到困顿。我们已经飞行了大约3个小时，双腿麻木，身体僵硬。清澈的夜空中挂着一轮满月，这使我们更容易看到下面的风景，但也使敌人能够很好地看清我们直升机的轮廓。山岭、沙丘和棕榈林点缀着我们脚下的土地。

"10分钟后降落"我们的无线电里传来了提醒的呼叫。现在我们全部清醒了。每个人都伸出10根手指，依次传递着信号，我们检查了武器、无线电和夜视仪。每个人都仔细地为身旁的队友检查了一遍装备。我们戴上厚厚的焊接用手套，以保护双手在沿尼龙绳滑落时不受剧烈摩擦的影响。

"5分钟后降落。"我们都站了起来，准备离机。我们的心跳加快了一点，头脑保持高度专注，每个人都在回顾自己在任务中的职责。我们之前为这次任务进行了日夜不停的演练。当我们排受命与波兰机动反应作战部队执行这项任务时，我们得到了大约两周的准备时间。我们为战争而训练，为胜利而战。

我们使用了我们所掌握的一切资源来制订任务计划、演练、寻找计划的漏洞，然后再演练。我们为每一个可能的意外进行了计划和训练，为每一个精心设计的动作反复练习。所有的决定，所有可能的障碍，我们都认真研究。我们利用这个电站的卫星图像构建了一个建筑群模型，从着陆区到目标上的每个建筑结构。我们首先确定目标、威胁和必需的资源，然后将这些信息与手头的情报整合在一起，用于确定可行和不可行的标准。从这里开始，我们把实现目标所需的一切行动分配下去——包括事件、人物和时间。

　　直升机的机舱长和排长探出身子确认我们目标的位置。"一分钟。"每个人都伸出一根食指，依次传递信号。我们的尖兵是马克·欧文，他后来成为一级特别任务小队队长和《纽约时报》畅销书《艰难一日》和《协同》（*No Hero*）的第一作者，在当时，我和他举起卷曲的速降绳，把它扔出机外。这个电站很大，它延伸到我们面前地平线的远处。即使是我们直升机旋翼旋转时发出的巨大嗡嗡声也没有掩盖我们下方湍急河流的噪音。我们没有办法确切地知道我们将要面对什么，但是那座大楼和周围建筑里的任何人也同样不知道他们遇到了什么情况。我们都为这一刻训练了多年，是时候展现训练的成果了。

　　在我们着陆区上方约6米的地方，直升机稳稳地悬停着，我扔出绳子，肾上腺素让我忽视了身上接近32千克重的装备的压力。排里的每个队员都竖起大拇指。随着最后一次碰拳，我们出发了。每名海豹突击队员都以极高的精确度训练有素地迅速跳入黑色的深渊，我们抓住粗绳，迅速滑入下方旋转的沙暴中。我们已经准备向敌人发起战斗。

我是最后一个离机的人。当队列里最后一名队员跳了出去，舱门处已经空无一人，我探出身子，抓住速降绳。就像往常的训练一样，噪音震耳欲聋，直升机桨叶的旋转令人生畏。但是我忙中出错，我把双手抓在绳子上，让身体的重量带着我向下滑，然后迅速下降。但很快，砰！随着一次突然而猛烈的震动，我的速降卡在了半空。

可恶！我立刻知道发生了什么事。尽管我们为这次部署进行了一年的训练，并为此时此刻进行了两周的刻意练习，但厄运还是降临了。就像墨菲定律说的，任何可能出错的事情都会出错。让我把时间倒退，让你了解一下情况。这是我在海豹突击队里加入的第一个排，我是排里的三个新人之一。新人在开始的阶段要扛着沉重的装备。所以，除了我的防弹衣、头盔、夜视仪、小型日间背包、压制式M4步枪、9毫米P226手枪、装满水的水壶、步枪和手枪的弹匣、无线电设备和几枚手榴弹外，我背上还带着一把13.6千克重的气动式手持切割机。我用拉链把它绑在旧帆布背包上，这样我就可以像背背包一样携带着它。好吧，现在那个玩意卡在直升机的地板上了。我的身体在离水泥平台6米的地方晃来晃去，我的手紧紧抓住绳子，就像抓着救命稻草一样，因为确实如此。下面的河流在直升机停机坪的两侧奔腾着。我低头看了看，发现直升机旋翼的桨叶已经把着陆区周围的铁丝网从混凝土中吹开了。

嗯，看来现在我真的要笑迎苦难了。与现在的情况相比，BUD/S课程的折磨看来相当不错。当我快要失去控制时，我越过肩头看了看直升机上的机舱长。他知道该怎么办。他迅速一脚把锯子从直升机的地板上踢开，我以自由落体的方式向下坠落，我的手几乎没有减缓下落的速度。我重重地撞在地面，脚先落地，然后是背。我的脊柱撞在巨大的金属切割机上。惯性使我的步枪向上甩动，打在我的脸上，在我的右眉毛处劈开了大约5厘米宽的伤口，一直深入到骨头。血液像河水一样从我的脸上流下，但直到后来一名队友说"老兄你怎么了"，我才意识到这点。

我盼着从肺里被挤出去的空气能尽快回来。我很快让自己重新振作，我站起来，冲上山去追赶我的队伍。幸好我只是这个高度网格化团队中的一个小齿轮。就在我在降落中差点弄死自己的同时，我们的狙击手快速地降落到主体建筑的屋顶，一支海豹突击队机动部队在目标周边区域空降了沙漠巡逻车（配备12.7毫米口径机枪的、适应沙丘地形的作战车辆），波兰部队的兄弟们也快速地降落到他们预定的区域。作为主力突击队，我们沿着主入口的侧墙列队，设置炸药，将金属门上的铰链炸开。随后我们从这个缺口突入电站。

最终，我们成功地完成了任务。我们清理了这座巨大的水电站，抓捕了敌人，同时消除了威胁。第二天，我们搜索了数千米长的黑暗潮湿的隧道，这些隧道蜿蜒在这片广袤的土地下。我们在目标驻守了三天，然后把守卫任务交给常规部队。除了一名波兰队友在绳索速降时扭伤了脚踝外，我们没有其他伤亡。

正如19世纪普鲁士军队指挥官赫尔穆特·冯·莫尔特克（Helmuth von Moltke）所说："在与敌人首次遭遇后，没有任何计划还能有效。"世界著名拳击冠军迈克·泰森（Mike Tyson）对此提出了更现代的看法："每个人都有一个计划，直到他们嘴上挨了一拳。"你说得太对了，泰森，太对了。关键在于，就算是最好的计划也会遇到问题。这个世界上没有任何计划是完美的。

> 一个能立刻积极执行的好计划，远胜于下周才能执行的完美计划。
>
> ——乔治·巴顿（George Patton）

准备和执行胜过整天的制订计划，但制订计划依然是不可或缺的。我们向前来咨询的客户（其中许多是价值数十亿美元的全球组织）传授观点领导力公司的规划、执行和汇报模式。这些模式大部分来自我们在海豹突击队制订计划的方式。适当的策划和汇报可以创造出理想的执行节奏和持续改善的状态。

我可能会问你："当你设定一个目标时，你通常会制定一个实现这个目标的计划吗？"你的答案很可能是："当然如此。"但我们实际的计划究竟做得如何呢？我们使用了正确的方法吗？想变得更坚韧吗？想拥有更好的体形吗？在工作中获得晋升？开始自己创业？找到一生挚爱的人？把孩子培养成健康、善良和负责任的年轻人？游过英吉利海峡？打破憋气的吉尼斯纪录（顺便说一句，目前是22分钟）？去沃顿商学院读工商管理硕士？加入海豹突击队或绿色贝雷帽特种部队？那么，你的计划是什么？

众所周知，伟大的计划既有长期的因素，也有短期的因素。在个人和职业、宏观和微观、战略和战术的角度上都是如此。所以，无论你是打算在附近开一家咖啡店，还是被茱莉亚学院录取，或是登上珠穆朗玛峰，你都必须有一个计划，而且不是随便什么计划都能成功。你需要使用特定的框架来制订计划。我要说的是，当你有一个坚实的计划时，笑迎苦难将变得更加轻松。

所以，既然你问了，那么下面就是具体的步骤。是的，所有这些都需要写在纸上，记录在电脑文档中，无论用什么形式，都要保证你能定期查阅它。

第1步：确定目标。

目标必须简洁、可量化、有时限，并可以支持你的战略目标。你会问，什么是战略目标？基本上来说，战略目标是由一系列小目标支持的长期性目标。让我们看一下几种不同风格的针对目标内容的客观描述。由于需要实现的目标各式各样，所以我更喜欢使用略有区别的方法，并且不同的方法又具有不同程度的特殊性。

例如，当以健身为目标时，我喜欢非常具体的计划。在进行马拉松训练时，你对目标的客观描述可能是这样的：到2021年6月1日，我将按照某某训练计划每周在3小时内跑一次马拉松，并在赛前两个月内完成至少两次20千米跑。

当我们与公司客户一起举办策划研讨会时，我们通常使用OKR（Objectives and Key Results）工作法，即目标和关键成果法。在这种例子中，目标指的是对你想要实现的目标的、可记忆的定性描述。目标应该是简短、有启发性和有吸引力的——以便让你（或团队）能够在情感上与之建立联系。你的目标应该能够激励和鞭策你。关键结果是一组度量目标进展的指标。对于每个目标，你应该设定2到5个关键结果。如果数量太多，你就可能忘记它们。下面是一个适用于商业团队的示例：

目标：创建出色的客户体验

关键结果：

将客户净推荐值从X提高至Y。

将回头客的比例从X提高至Y。

将顾客购置成本维持在Z之下。

这两种方法都很有效。其关键在于你的主要目标必须是明确的，有启发性的和容易记住的。

第2步：识别威胁和障碍。

现在你有了一个清晰、简洁、可量化的目标，你需要开始思考你的道路上有什么阻碍。你想开一家梦寐以求的咖啡店？好吧，列出所有可能影响该计划的因素。有哪些因素会威胁到你？也许每平方米的租金比你预期的要高一点，明年可能还会上涨；店铺的位置还可以，但并不理想；你不知道客流量具体会有多少；你的预算是有限的——如果营收在一年内没有进展，你将不得不找到一个投资者或关门；一场全球性的大规模疫情突然出现。各种不确定的因素！这个清单还可以继续列下去。

一旦你列出了潜在的威胁，就把它们分为可控和不可控两类。把你无法控制的事物放到一边。继续注意它们的发展，但不要在上面浪费太多时间或精力。你的重点需要放在减轻你可以控制的威胁上。关注你自己的世界。

第3步：列出所需的资源。

你计划抓住一个高价值的恐怖分子头目？你需要什么资源？地面情报、一支直接执行行动的突击队、快速反应部队、通信计划、空中支援、关于该地区敌人行动的情报、武器，以及其他各类你认为完成任务所需的东西。

请记住，你需要的某些资源可能是你可以使用的，而某些资源可能不是，它们必须由你去寻找并获取。你想跑马拉松？合适的鞋子会有帮助。也许还应该找一个专门从事长跑的教练。不管怎样，请特别注意，有些资源不是立即可以使用的，因为它们需要你开展有时限的特定"行动"来获取。我们将在稍后进行讨论。

第4步：确定可行和不可行的标准。

根据你的目标、威胁和完成任务所需的资源，确定任务是否可以实现。不要把这当作一个简单的解决方案。这只是确保你的目标保持在合理范围内的方法，即使延展性目标也是如此。

例如，在我在本章前面描述的任务过程中，我们威胁列表中的不可行标准之一是沙尘暴，这是我们无法控制的威胁。结果连续两个晚上，当我们的直升机在停机坪上准备起飞时，我们的任务都由于沙尘暴而被取消了。真令人震惊！

第5步：应用学到的经验和教训。

你要问自己这个问题："我自己或者我认识的人以前尝试过吗？"如果是，想想哪些部分的行动进展顺利，哪些进展得不好，以及你是否有任何见解可以应用在当前的计划上。如果你以前从未跑过马拉松，那找一个跑过马拉松的人，比如你的朋友、教练或导师。如果你打算在奥斯汀开一家咖啡店，但之前你在西雅图开的同样的咖啡店在一年后就被迫关门了，那么你从上次的失败中学到了哪些可以用在新计划中的东西。考虑所有好的、坏的和丑陋的事情。如果你计划抓捕恐怖分子头目，那你上次完成类似任务时发生了什么？

　　清单不必很长，只记下可应用的经验教训。一旦你列出了清单，你可能需要回去调整目标的客观描述或关键结果。

　　第6步：制订行动计划。

　　行动计划是为实现目标而必须执行的、全部的、有时限项目的清单。这可能意味着你需要获取那些不是立即可以使用的资源，或者执行从现在开始到目标完成期间的关键绩效指标或里程碑任务。

　　这就是自律和责任感再次发挥作用的地方。每一个行动都必须列出事件、人物和时间的细节。在你的计划表上画出这三列。当然，事件就是指行动本身。人物是指行动的负责人或执行者。根据目标的不同，人物并不一定总是你。如果这是一个根据你的年度战略商业计划制订的季度项目，那么人物一栏可能需要4～5名不同的人员。时间是指计划的时限范围。每项行动都需要一个截止日期。

　　第7步：组建你的"红色小队"。

　　计划制订过程中有趣但经常令人沮丧的部分到来了。现在你的计划已经完成了大约60%——请记住我们只会把它提高到80%，我将在稍后进行解释——是时候从外部的视角来观察了。我的意思是，让2～3个人在你的计划中寻找漏洞。

　　首先，选择一些对你和你的计划或目标有所了解的人。他们就是你的"红色小队"。接下来，向他们介绍你的计划：目标、威胁、资源、可行和不可行的标准、经验教训和相关的行动。如果需要的话，给他们几分钟的时间消化你说的内容并提出澄清性问题。小队成员将轮流提问："你考虑过这些或哪些吗……"你唯一的回答是"谢谢你"。不要反驳，不要争论。举例来说，当你展示你的马拉松计划时，你的邻居（一个狂热的跑步者）说："你有没有想过你是一个懒惰的人，从来没有实现过什么健身目标……有没有？"在一阵短暂而不适的沉默后，你的回答是："谢谢你！"记下你没有考虑过的相关信息，并利用这些信息调整你需要的资源、威胁、行动或突发事件，这是最后一步。或者，去跑个5千米！

第8步：制订应急计划。

在你的列表中画出4列，将它们分别标记为触发性事件、必需的潜在附加数据、应该采取的行动和期望的结果。根据"红色小队"的反馈和你可以控制的威胁，制订一些应急计划。记住，厄运随时可能出现。会出错的事总会出错，对吗？

要去抓那个恐怖分子头目吗？那就把"目标内敌人数量未知"列为威胁之一。你列出的意外事件可能是，你抵达了目标，却发现目标内的敌人超过了你部队的数量。因此，从关键的指标来看，你很快就会被敌人压倒。接下来的行动应该是终止任务，离开目标，或者呼叫全副武装、干劲十足的快速反应部队。所以如前所述，在合理的情况下，你要为意外事件作演练。

例如，如果我正在准备一个重要的主题报告或激励演说，那无论我之前已经演讲了多少次，在排练的过程中我仍然会非常严格地要求自己。这不仅包括构想如何胜利，也包括了可能出现什么错误。设备出现故障；观众不欢迎我；我状态很差；抗议者闯入会场；舞台坍塌；活动比预定时间晚了一个小时，而我要赶飞机。谁知道会出现什么问题呢？但我们依然要制订计划。

改善你的心智模式

结果型金字塔

下面就是我们将所有联系组合在一起的地方。到目前为止，你应该已经在你的生活中找到一些可以拥抱更多苦难的领域。突破舒适区的边界，实现更高的目标，要始终如一，塑造坚韧的品格，更快地振作起来，忘掉那些无关紧要的事，在无意义的事情上浪费更少的时间和金钱，远离你身边有害的仇恨者，少接触诱惑之虎，或者以上所有的事项。

那现在该怎么办？你已经创建了你的个人价值观宣言。你知道活在舒适区之外有什么好处。希望你能更清楚自己的目的和理由。你已经确定了清晰的目标，你知道如何像海军海豹突击队一样进行计划。最重要的是，你知道地狱周很糟糕，但是，除非你的目标、信念和价值观能够驱使你采取必要的行动来实现你想要的结果和非凡的人生，否则它们不会为你带来成就感。让我们面对现实，一个人、团队或企业有两种结果：现有结果和期望结果。

现在，让我们来谈谈如何摆脱现有结果，然后满怀激情地奔向期望结果。它们对你来说是真正有意义的目标，是你非常在乎的事情，是比你更伟大的事物——也就是比你自私的欲望更重要的东西，因为自私只会让你一事无成。

现在请允许我为你介绍笑迎苦难中的结果型金字塔，它共有5层（见图9-1）。

图9-1　结果型金字塔

金字塔的顶端是想要的结果。同样的，有两种结果：现有的和期望的。也许这是一个让世界变得比之前更好的终极人生目标，或者是一个减掉十余千克体重的短期目标。不管怎样，它必须是一个清晰、简洁、可量化和有时限的目标。

金字塔的下一层是行动。这就是计划发挥作用的地方。预期结果是目标实现后的结果，计划的其余部分将划分到行动层。因此，计划应纳入第二层。

金字塔的第三层是信念。现在我们谈谈你的个人价值观宣言。从这里你要开始问这样的问题：我的信念和价值观是否会促使我主动采取必要的行动来实现我想要的结果？这一结果是否与我的信念和价值观相符？如果不是，我是否应该继续追求它？

第四层是目的。也就是你最重要的理由。让我们说说你为什么想让这个世界比之前更好。在理想情况下，这个目标会对你的价值观产生好的影响。你的价值观能够促使你采取适当的行动（作为你计划的一部分）来实现你想要的结果。也许是建立一个非营利组织，帮助患有创伤后应激障碍的退伍军人。嘣！世界瞬间变得更美好。任务完成。

金字塔的最后一层是程序，这是最重要的一层。例如，假设你的公司正在经历一场重大的变革，当然，这是由全球性的疫情引发的。你有几个关键的战略目标与这次变革相关——即你的期望结果。因此，公司需要采取新的行动，完善程序，实施新的运营模式，并改变企业文化以实现成功。在这种情况下，有时需要对信念进行重新定义。这不是转变核心价值观，而是一种新的思维方式，摒弃旧的，拥抱新的。就像领导力和商业领域专家马歇尔·古德史密斯（Marshall Goldsmith）撰写的那本改变了格局的书，《习惯力：我们因何失败，如何成功？》（*What Got You Here Won't Get You There*），其中的概念是一样的。

接着，你必须确保你的新信念或行动符合公司的总体目标。最后，你需要保障所有现有或之后需要的程序都符合你的目的、信念和价值观。因此，如果你的公司需要更多的创新性来保持竞争优势，你就需要有人做一些很酷的创新工作。如果没有与创新相关的程序，你就需要设计它们。例如，在每周的工作时间里设置一个创新工作坊，员工可以在那里从事他们想做的任何项目，只要这些项目与公司的目标相关即可。

结果型金字塔是一个模型，可以确保你以正确的初衷做正确的事情，并实现更好的目标以推动预期结果。你不是希望明天会更好，而是确保明天会更好。这就是你在积极行动时的思维和态度。记住，一个能立刻积极执行的好计划，远胜于下周才能执行的完美计划。为什么？因为没有完美的计划，而且，从概率上说，明天会发生变化，带来新的挑战和机遇。

付诸行动

使用这个模型！它们可以在任何环境中使用，从自己动手的家居项目，到掌握踩高跷的艺术，到建立新企业，到抚养孩子，再到与抑郁症和肥胖做斗争，所有这些都可以。

如果你没有计划，或者你的价值观与你想要实现的目标不一致，那么生活在舒适区之外将变得更糟糕，所以一定不要陷入那样的境地。

本章问题

当一件引人注目的东西经过，或者一个新想法突然出现在我的脑海时，我是否考虑过去追求它？我会制订计划还是跳进深渊？

在我追求生活目标和职业目标的过程中，我是否会经常问自己，这些目标是否符合我的信念和价值观？

如果我有一个与我的价值观相一致的目标，那么在追求这个目标的过程中，我是否有适当的程序来支持我信念？

我是否有正确的思维方式、顽强而坚韧的品格，以及必需的意志力来实现目标？如果没有，为什么没有？

第十章

生命终将结束，所以动起来，认真行动

> 懦夫在未死以前就已经死了好多次；勇士一生只死一次。
>
> ——威廉·莎士比亚（William Shakespeare）

我们无法回避死亡，这是千真万确的事。我们害怕的是死亡中的未知成分。何时死去？如何死去？为何死去？死时谁会在我们身边？我们会取得什么成就？在死后还有又一次生命吗？天堂存在吗？还是说我们只有这短暂的生命？这些问题的答案都存在于我们自己独特的信念之中，但底线是我们没有可以浪费的时间。

正如特库姆塞所说："不要像那些内心对死亡充满恐惧的人们一样，在临终前哭着祈求生命能再给他们一些时间，好让他们按不同的方式再活一次。唱响你的死亡之歌吧，像一位凯旋的英雄那样死去。"他的话总结起来就是：生活吧，这样当你的时间结束时，你就不会有遗憾。过一种有意义、有责任感、乐于助人的生活。这样你就没有理由害怕结束，当死亡来临时，你可以说："我准备好了。"

死亡使我们害怕。我们很难接受它带来的现实，所以我们避免谈论死亡、思考死亡，甚至在失去我们所爱的人时都不敢承认它。然而，在现实中，死亡就像是一道光，所有生命在它面前投下的阴影就是它们的意义。如果没有死亡，没有终点，没有跨越生死鸿沟走向某种更好事物的旅程，生命就没有意义。正如古代阿富汗部落领袖常说的，"narik ta"。这句话是什么意思？管它有什么意义呢？没有死亡，一切都显得无关紧要，因为那时所有经验都是武断的，所有价值观和标准都相当于零。

正如我之前提到的，"9·11"事件发生在我的班级开始海豹突击队高级训练的前两天。众所周知，"9·11"事件改变了时局。对我们军人来说特别如此。那时我们都知道要打仗了。要打多久，没有人知道。代价是什么？我们假定代价会很高，但当时我们并没想到会有那么高。

当你从海豹突击队的训练营毕业时，你会觉得自己不可阻挡，但其实你不是。我清楚地记得2003年我被派往伊拉克的那一天，我向父母告别。我们是前往那个国家追捕恐怖分子的第一支特别行动小队，共有30名成员。我父母住在圣迭戈市中心的W酒店。他们坐飞机过来为我送行，而他们的儿子正要离开他们，准备与敌人展开战斗。最后道别的时候，我妈妈转向我，把手轻轻地放在我的脸颊两侧。她不太会说话，但她的肢体语言足以说明一切。眼泪顺着她的脸颊流下来，她带着恐惧和痛苦的感情微笑着，下巴颤抖着。她在说再见。不是"6个月后再见"那样的告别，而是知道我可能永远回不来的那种"再见"。

不管你在电影里看到了什么，但海豹突击队员并不是永生不灭的。我们也是普通的凡人。虽然我很不想告诉你们，但我们既不会喷火，也不吃玻璃杯。我们这些仍然站着的人每天都为自己活着而感到内疚，因为我们的兄弟们没能活着回来。但是如果你能问那些倒下的人是否有什么遗憾，他们会说没有。他们唱着死亡之歌，像回家的英雄一样死去。

正如理查德一世国王对他的部下所说的：

我们的命运就在前方，即使我们寡不敌众，也不要害怕死亡的到来。每个人最终都会死。不是每个人都能选择以充满荣耀和尊严的方式结束自己的一生。我们像兄弟般并肩而立，盾挨着盾，剑压着剑，为自由和更大的善而与敌人战斗。与朋友们并肩作战是值得为之奋斗的荣耀，与兄弟们同生共死是值得为之牺牲的荣誉。

非洲东海岸外1.6千米处

4时30分

我们脚下的大海波涛汹涌，让巨大的单桅帆船剧烈地前后摇晃。我和队友斯科蒂、杰夫以及我们的翻译挤在船尾上层的一块大塑料防水布下。当时下着倾盆大雨，我们浑身都湿透了。我不能透露我们任务的目的，但我们已经在这艘垃圾上生活了大约一个星期的时间，我们吃自制的煎饼，喝甜茶。我们的厕所是后甲板上的一个洞，通向晶莹湛蓝的大海。到目前为止，我有限的斯瓦希里语还算可以交流。我们只穿短裤和短袖衬衫，此外我们还带着两个装满武器和无线电卫星通信器的黑色派力肯（Pelican）军用滚塑箱。我们的船上有9名当地人，他们算是相对能干的船员。海况似乎越来越糟，我们正在考虑发出请求，让位于我们所在位置以南许多千米处的特战快艇小组带我们撤出。

"伙计，我们现在真的要笑迎苦难了，对吧，兄弟？"我对斯科蒂说道。他就在我旁边的防水布下面，这是我们抵御倾盆大雨的唯一保护措施。因为帆船不断地摆动，我的膝盖和肘部在与肮脏甲板上的磕碰中变得十分粗糙而且伤痕累累。我随时可能感染！

"你们闻到烟味了吗？"杰夫问。"哦，可恶，是的，我闻到了。"我回答。我们扔掉防水布，走向通往第二层的梯子，然后进入下面的机舱。透过舱口，我们看到火焰正从发动机舱里喷出来。"嘿，伙计们，看看这个。"我说道。

"嗯，这可不好。"杰夫说，他像往常一样调皮地咧嘴一笑（但脸上很快就流露出一丝担忧）。我们4名船员开始往机舱里灌水，然后另一个人再把水倒出来。很快，情况就混乱起来，变成了一场彻头彻尾的闹剧。

"老天爷……让我们下去帮帮这些家伙。" 斯科蒂翻着白眼说。在我们朝下走去时，杰夫用无线电向我们的特战快艇小组报告情况。他在通讯结束时说："如果你看到3个紧抓着木托盘的白人在鲨鱼出没的水域漂浮，那就是我们。"幸运的是，我们扑灭了大火，海况最终平静下来。我们再次有了一种自己是真正水手的感觉。

斯科蒂和杰夫都跨越了生死之间的巨大鸿沟，他们现在已经前往了战士的天堂。2019年1月16日，我们非洲之行结束的多年后，斯科蒂在叙利亚的一次自杀式炸弹袭击中丧生，他是那次爆炸中阵亡4名勇敢的美国人之一。几年前，杰夫被发现死在他公寓的地板上，死因不明。我期待着有一天我们能重聚，再聊聊当年队伍里的精彩故事。

2012年，我参加了哥伦比亚广播公司的马克·伯内特（Mark Burnett）和迪克·沃尔夫（Dick Wolf）制作的真人秀节目《明星爱比武》（*Stars Earn Stripes*）。这个系列节目的基本内容就是让尼克·拉奇（Nick Lachey）、迪恩·凯恩（Dean Cain）、特里·克鲁斯（Terry Crews）、莱拉·阿里（Laila Ali）、托德·佩林（Todd Palin）和皮卡波·史崔特（Picabo Street）等名人与前特种部队人员配对，参加具有挑战和竞技性的任务。我的朋友兼队友克里斯·凯尔（Chris Kyle）是该节目的另一个主角。但在该剧于2013年2月2日播出后不久，克里斯和他的朋友查德·利特菲尔德（Chad Littlefield）被谋杀了。克里斯和查德是在得克萨斯州白垩山附近的一个靶场上设置靶标时被射杀的。克里斯当时正指导一位患有创伤后应激障碍的25岁海军陆战队员埃迪·雷·劳斯（Eddie Ray Routh）摆脱创伤，但劳斯却杀死了克里斯和查德两人。凯尔曾因2012年出版了畅销的自传体书籍《美国狙击手》（*American Sniper*）而声名鹊起，所以这个案件引起了全美国的关注。克林特·伊斯特伍德（Clint Eastwood）后来根据凯尔的书导演了一部改编电影。克里斯的遗孀、两个孩子的母亲塔亚·凯尔（Taya Kyle）继续以畅销书作家和老兵支持者的身份出现。是的，她是个非常坚强的人。

我们所有人都逃不过死亡。在大多数情况下，我们不知道死亡的确切时间。所以为什么要把宝贵的时间浪费在毫无意义的活动和关系上，让我们活在空虚和惋惜之中呢？为什么对我们遗憾的事情听天由命呢？为什么不把更多的时间花在比我们更伟大的事业上呢？为什么不全力以赴，为我们非凡的人生奔向一个目标呢？

改善你的心智模式

以终为始

史蒂芬·柯维（Stephen Covey）在其开创性的著作《高效能人士的7个习惯》（*The 7 Habits of Highly Effective People*）中提到的第二个习惯是"以终为始"。闭上眼睛，想想有人在念你的悼词。他们会谈论什么呢？谈论你赚了多少钱？谈论你的职位头衔？谈论你的房子有多大？谈论你有多少辆车？谈论你在游戏中取得了多少成就？谈论你每学期都能登上优秀学生名单？谈论你不止一次地发出广为传播的社交信息？谈论你在社交软件平台上有成千上万的粉丝？

如果你是很传统的人，那上面的情况可能不是你想要的。你应该会想象他们谈论你的美德。你可能会想象一个值得信赖的朋友谈论你的性格和人际关系；谈论你是怎样的丈夫、父亲、妻子、母亲和朋友；谈论你不但为了让你的孩子过上美好的生活而付出了巨大的努力，而且让他们都有了目标感和健全的道德准则；谈论你即使已经结婚几十年了，但仍然会为你的配偶做一些浪漫的事情；谈论你会在患难之中帮助你的朋友。你可能会想象他与别人分享你那些有趣和悲伤的故事，这些故事突出了你的正直、善良、好奇心，以及你对他人生活的影响。

根据柯维的说法，在你能过上美好和有意义的生活之前，你必须知道那种生活是什么样子的。当我们知道了自己希望别人在我们生命结束时如何谈论我们，我们就可以在现在采取行动，让想象中的情景在以后变成现实。在以终为始的思维里，我们将知道每天和每周需要做些什么才能达成最终的目标，我们也将知道如何执行我们的任务计划。

现在是时候制作你自己的笑迎苦难遗憾清单了（见表10-1）。使用下面的表格来确保你实现非凡的人生，你将充满目标，没有遗憾，把自己更多地奉献给别人，留下一份让世界变得更美好的遗产。我已经提供了一些主题，但下面的内容还是要自己来定义。

表10-1　笑迎苦难遗憾清单

事项	我不想后悔的事……
家庭	
人际关系	
健康	
职业生涯	
回馈	
接受评估过的风险	
我的价值观	
我的目标	
变得勇敢	
热烈地去爱	

你可以就此开始。

付诸行动

关键是，总有一天我们都要唱起自己的死亡之歌。你的歌词是什么？你想在世界上留下什么印记？在你去世的那天，你绝对不想为哪些事情而后悔？你会反省自己没有冒太多风险，只是平静地待在村庄里吗？或者你会认识到，你把一切都留在了生命的战场上吗？

选择权在你的手上。

本章问题

我是否愿意为了寻求真正的满足和幸福而刻意地受苦？

假如我立刻死去，人们会怎么谈论我？

我愿意为自己悼词中的美德而改变自己的哪些方面？

我是否会优先考虑那些与我的价值观以及我所爱之人的价值观相一致的东西？

当生命结束时，我不想为哪些事情而后悔？

第十一章

总结：改变你的思想，活出精彩的人生

> 让一切为你发生：美与恐怖。人只需走下去：没有任何感觉最遥远。
>
> ——赖内·马利亚·里尔克（Rainer Maria Rilke）

现在，我的朋友，是时候踏上战场，向敌人发起战斗了。这是一场面向自己的战争。你要锻炼出坚韧的肌肉，设定并实现崇高的目标，在你从事的所有领域追求卓越和创新，掌握保持最佳表现的艺术。我想给你们留下几句海豹突击队的格言（有些你们应该已经知道了），以便让你们集中精神，活力充沛。你可以把它们当作你旅途中的燃料。拥抱它们，与他人分享它们。每天做你必须做的事，去拥抱苦难，活出精彩的人生。通过自律和坚韧，你将赢得这场战争，以及未来更多的挑战。

祝你好运！

改变思维，不怕失败，活出精彩的人生的准则

笑迎苦难。接受生活中的挑战，因为它们是成长和发展的机会。做出全心投入的选择，而不是逃跑。

唯一轻松的日子是昨天。对于追求卓越绩效的个人或团队来说，日子并不轻松。直面挑战，控制你能做的，忽略你不能做的。

以不适为舒适。抓住每一个突破舒适区边界和限制的机会。你做得越多，你的舒适区就越广。

坚持不懈，在逆境中茁壮成长。当你面对逆境时，只要径直走上去，给它一个大大的拥抱。与逆境交朋友。每次机会都要把自己视为一个野蛮人。

成为赢家是值得的。胜利对我们意味着什么，每个人都有不同的定义。明确你的目标，制订计划，主宰你的战场。

在没有命令的情况下，我将负起责任。不要等待别人替你决定人生。负起你自己的责任。自律和责任感是获得领悟和自我满足的真正途径。

关注你自己的世界。把注意力集中在你能直接控制的事情上，把其他的事情都放下。这使你可以优先执行你最有影响力的事务。

要求纪律，期待创新。严格自律并且富有创造力的人实现了更多的目标。不要把时间浪费在与你的价值观和期望的结果不一致的事情上。

慢就是稳，稳就是快。若想提高你在生活中任何方面的表现，你都需要时间。先把小事做好，然后再向前推动目标。

若想吃掉大象，一次只咬一口。当你想实现宏大的目标或克服生活中的障碍时，如果我们列出了太多需要优先执行的事项，那等于没有列出任何优先事项。分出轻重缓急，然后执行。

我的标准是毫不妥协的正直。对个人的表现以及任何团队或关系的成功而言，正直和信任有着直接和可测量的影响。

我永远不会退出战斗。我非常相信这种人生哲学，它的意思不需要解释。

致谢

我该从哪里开始呢？我第一次认识到写一本书是一个复杂的旅程，这涉及很多人——里面的每一个字都是团队努力的结果。这本书出版的时候，对全球人民颇具挑战性的一年也即将结束。这些挑战将在未来几年里产生连锁反应。曾经有幸有机会与世界上有史以来最伟大的一些战士并肩作战，这令我变得谦卑，也给了我灵感。我们的军人和他们的家人为一项比自己更伟大的事业付出了很多，他们伟大的情感将永远让我深深感动。他们随时准备响应国家的号召，让想要摧毁我们的敌人无法攻击我们。当然，他们中有些人献出了自己的生命。我们晚上之所以可以安睡，是因为勇敢的战士们自愿在枪林弹雨中奔跑，他们抛开自己的私欲，全心保护我们的生活方式和我们享有的自由。

如果没有我了不起的妻子妮可的支持，我不可能完成这项有意义的工作。她是我最好的朋友、商业伙伴和指挥官。我还要感谢我的3个孩子，泰勒、帕克·罗斯和莱德。写作是一个创造性的过程，通常需要安静和独处，而在一个受到疫情影响的五口之家里，写作并非易事。没有我妻子毫不妥协的领导和支持，我不可能完成这本书的创作。

在此我得特别感谢我的优秀团队。我的经纪人法利·蔡斯（Farley Chase），他再一次给了我机会。作为一名提升写作水平的作家，他的指导、反馈和建议对我来说依然是无价的。我还要感谢我的编辑丹·安布罗西奥（Dan Ambrosio）和阿歇特图书集团的天才团队。

我要感谢的最后也是最重要的一些人是我的海豹突击队员兄弟们。大卫·戈金斯，他也参与了这本书的创作并慷慨地提供了前言。大卫继续激励着全世界的人们——我很自豪能称他为BUD/S课程的同学、海豹突击队五队的队友和我的伙伴。特别感谢我的战友和兄弟杰森·雷德曼，他让我讲述了他关于生存、毅力和坚韧的精彩故事。他的书已经激励许多人改变了他们对于坚韧和克服逆境的看法。请期待我们的新冒险吧。感谢马克·欧文（我的前队友、《纽约时报》头号畅销书《艰难一日》和《协同》的作者），感谢他在过去20年中的友谊和指导。

每一个为这本书做出贡献的人都进一步证实了一个事实，那就是任何具有重大意义的事都不可能由一个人单独完成，团队的力量是必不可少的。